DAMPFTURBINEN-VERBRAUCHSDIAGRAMME

GRUNDLAGEN UND ENTWURF NEBST BEISPIELEN

VON

ING. HANS HIEDL
WIEN

MIT 63 TEXTABBILDUNGEN

WIEN
VERLAG VON JULIUS SPRINGER
1935

ISBN-13: 978-3-7091-9747-9 e-ISBN-13: 978-3-7091-9994-7
DOI: 10.1007/ 978-3-7091-9994-7

Vorwort.

Eine Kraftanlage arbeitet in den seltensten Fällen während der ganzen Betriebsdauer mit ihrer vollen Leistung, sondern ist meist mehr oder weniger starken Belastungsschwankungen unterworfen. Daher ist bei der Projektierung solcher Anlagen auch das Verhalten der betreffenden Kraftmaschine bei Teilbelastung zu berücksichtigen. In dieser Hinsicht weisen nun die einzelnen Kraftmaschinen große Verschiedenheiten auf und da ist es gerade die Dampfturbine mit ihren zahlreichen Sonderarten (Kondensations-, Gegendruck-, Entnahmeturbinen usw.), die hier einen besonderen Platz einnimmt.

Über das Teillastverhalten einer Dampfturbine gibt am besten ihr Verbrauchsdiagramm Aufschluß, welches die gegenseitige Abhängigkeit von Leistung und Dampfverbrauch über den ganzen Arbeitsbereich darstellt. Dies gilt insbesondere für Turbinen mit Entnahme, da sich bei diesen Bauarten der Einfluß der Änderung von Leistung und Entnahmemenge nur mehr in einem Diagramm überblicken läßt.

Das vorliegende Buch soll nun sowohl dem projektierenden Techniker als auch dem Betriebsmann ein Hilfsmittel an die Hand geben, welches ihm ermöglicht, unter Zugrundelegung von allgemeinen Durchschnittswerten in rascher und einfacher Weise überschlägige Verbrauchsdiagramme von Dampfturbinen selbständig zu entwerfen.

Da für diesen Zweck auch geeignete Unterlagen geschaffen werden mußten, ergab sich eine Gliederung des Buches in zwei Teile:

Der erste Abschnitt enthält die Zusammenstellung der für den Entwurf der Diagramme notwendigen Grundlagen. Es werden — soweit dies für den beabsichtigten Zweck erforderlich — an Hand einer theoretischen Betrachtung Einblicke in das Verhalten von Gegendruck- und Kondensationsturbinen bei Teil- und Überlast gegeben und charakteristische, zum raschen und einfachen Entwurf von Verbrauchsdiagrammen geeignete Kennzahlen abgeleitet, die so ausgewählt sind, daß sie als Durchschnittswerte für die heute gebräuchlichsten Turbinenbauarten normaler Leistungsgrößen gelten können. Schließlich ist eine zweckmäßige Art der Vorausbestimmung des Vollastwirkungsgrades angeführt.

Im zweiten Abschnitt ist der eigentliche Entwurf von Turbinenverbrauchsdiagrammen auf Grund der im ersten Abschnitt erhaltenen Unterlagen ausführlich besprochen, wobei auch auf die Arbeitsweise, Regelung und Schaltung der betreffenden Turbine — soweit dies für die ersten Projektierungsarbeiten von Interesse ist — kurz eingegangen wird. Es sind verschiedene Entwurfsbeispiele für die gebräuchlichsten Turbinenarten (Kondensations-, Gegendruck-, Entnahmeturbinen mit einfacher und zweifacher Anzapfung) gegeben und an Hand derselben auch der Gebrauch der Diagramme erläutert.

Solche überschlägige, auf Durchschnittswerten fußende Verbrauchsdiagramme sollen dazu dienen, bei der Projektierung von Dampfturbinen weitgehende Vorarbeiten zu leisten. Es ist ja sehr häufig der Fall, daß der mit der Projektierung solcher Anlagen beschäftigte oder in einem derartigen Betrieb tätige Ingenieur über einzelne, bei der Planung von Dampfturbinenanlagen auftretende Fragen rasch ein überschlägiges Bild gewinnen, verschiedene Lösungsmöglichkeiten untersuchen, ungünstige Fälle von vornherein ausscheiden will usw., bevor die Anfragen an die Maschinenfabriken hinausgegeben werden. Solche Voruntersuchungen sollen die Verhältnisse bei einem Projektfall möglichst weitgehend klären, so daß sich die entgültigen Projektierungsarbeiten bereits in festen Bahnen bewegen können.

Möge es dem Buch gelingen, sich für den beabsichtigten Zweck als nützlicher Behelf zu erweisen.

Wien, im Herbst 1934.

Ing. Hans Hiedl.

Inhaltsverzeichnis

Erster Abschnitt

Grundlagen. Das Verhalten von Gegendruck- und Kondensationsturbinen bei Teil- und Überlast. Der Vollastwirkungsgrad

Zweiter Abschnitt

Entwurf und Gebrauch von Turbinen-Verbrauchsdiagrammen

Erster Abschnitt.

Grundlagen. Das Verhalten von Gegendruck- und Kondensationsturbinen bei Teil- und Überlast. Der Vollastwirkungsgrad.

Da sich fast alle Sonderausführungen von Turbinen auf Gegendruck- und Kondensationsturbinen bzw. deren Zusammensetzung zurückführen lassen, so konnten auch die folgenden Betrachtungen auf Gegendruck- und Kondensationsturbinen beschränkt werden, wobei wieder die Kondensationsturbine nur einen Sonderfall der Gegendruckturbine darstellt.

I. Teillast und Leerlauf.

Das Verhalten der Turbinen bei Teilbelastung wird von einer ganzen Reihe von Faktoren, wie Art der Regelung, Art der Beschaufelung (Aktions- oder Reaktionsbauart), Größe des Verhältnisses $\frac{u}{c_1}$ bzw. der Qualitätsziffer,[1] Wahl der Schaufelwinkel, Größe der Reibungsbeiwerte, Ausführung der Regelstufe, Zahl der Düsen usw. bestimmt. Streng genommen müßte wegen dieser Unterschiede jede einzelne Turbine für sich untersucht werden. Es sollten aber hier (wie schon eingangs erwähnt) für den Selbstentwurf von Dampfverbrauchsdiagrammen Mittelwerte aufgestellt werden, die als möglichst allgemein gültige Durchschnittswerte für die gebräuchlichsten Bauarten der Turbinenfabriken (Gleichdruck-, Überdruck-, gemischte Bauarten) gelten können. Weiters sind — um den Rahmen des Buches nicht zu weit zu halten — Radialturbinen, ferner minderwertige Bauarten, einstufige und Kleinturbinen ausgeschaltet und nur hochwertigere Modelle, und zwar in Axialbauart

[1] Das Verhältnis $\frac{u}{c_1}$ (Umfangs- zur absoluten Dampfeintrittsgeschwindigkeit im Laufrad bei Vollast) ist hier als Mittelwert aller Turbinenstufen gedacht und als solcher proportional dem Ausdruck $\sqrt{\frac{\Sigma u^2}{H}}$ (der Quadratwurzel aus der Qualitätsziffer q).

mit mittleren Qualitätsziffern (um zirka 2000), so wie sie heute die meisten Turbinenfirmen herstellen, betrachtet worden. Daß die erhaltenen Mittelwerte zum Selbstentwurf von Dampfturbinen-Verbrauchsdiagrammen für Vorprojektierungsarbeiten verwendbar sind, wird durch Vergleich mit von verschiedenen Turbinenfirmen bekanntgegebenen Messungen und Garantiewerten gezeigt.

Von den oben genannten, das Teillastverhalten der Dampfturbinen bestimmenden Größen ist in erster Linie die Art der Leistungsregelung von Einfluß, die je nach Ausführung ein grundsätzlich verschiedenes Arbeiten bei Teillast bedingt. Man unterscheidet hier zwischen „Drossel“- und „Düsen“-Regelung (Abb. 1 und 2). Obwohl die erste Regelungsart wegen ihres ungünstigen Teillastverhaltens insbesondere bei Gegendruckturbinen nur mehr selten angewendet wird, soll sie doch zuerst besprochen werden, weil die Verhältnisse bei Drosselregelung sehr übersichtlich und zum Teil auch grundlegend für das Verhalten von düsengeregelten Turbinen sind.

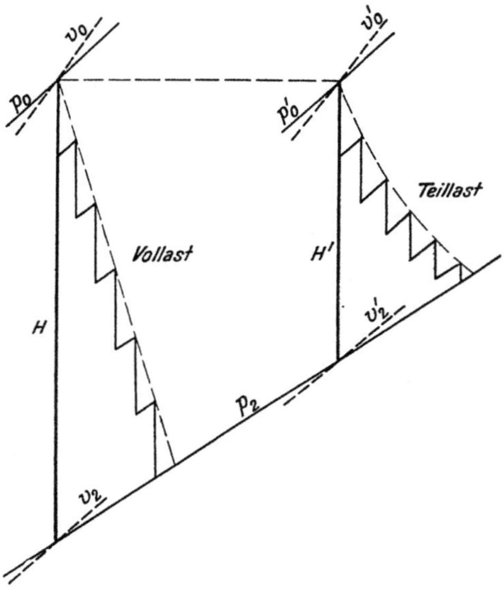

Abb. 1. Drosselregelung. Expansionsverlauf im i-s-Diagramm (schematisch).

1. Die Drosselregelung.

Bei der Drosselregelung wird die Verminderung der Leistungsabgabe durch Drosselung des zugeführten Dampfes erreicht. Diese Drosselung des Eintrittsdruckes hat bei konstantem Gegendruck eine Verkleinerung des adiabatischen Wärmegefälles, der Dampfgeschwindigkeit und der Durchsatzmenge zur Folge. Weiters verringert sich der Wirkungsgrad bei gleicher Umfangsgeschwindigkeit mit abnehmender Dampfgeschwindigkeit auch infolge Verzerrung der für Vollast entworfenen „Geschwindigkeitsdreiecke“.

Die Veränderung der drei Faktoren: Wärmegefälle, Dampfgewicht und die genannte Wirkungsgradverschlechterung bestimmt also die Veränderung der Turbinenleistung.

Um zunächst vom Vollastwirkungsgrad absehen zu können, sollen alle Werte bei Teillast zu den betreffenden Vollastwerten ins Verhältnis gesetzt, d. h. in Prozenten der Vollastwerte ausgedrückt werden.

Bezeichnet beispielsweise G' die Dampf- (Gewichts-) Menge bei Teillast, G die Vollastdampfmenge, so ist die perzentuelle Verkleinerung des Dampfgewichtes bei Teillast durch $\frac{G'}{G} = g$ dargestellt; $g = 0{,}3$ bedeutet also eine Dampfmenge, die 30% des Vollastwertes beträgt, gleichgültig, wie groß dieser selbst ist. Die Teilbelastung wird durch $l = \frac{L'}{L}$, die Wirkungsgradverschlechterung durch $\frac{\eta'}{\eta}$ dargestellt usw.

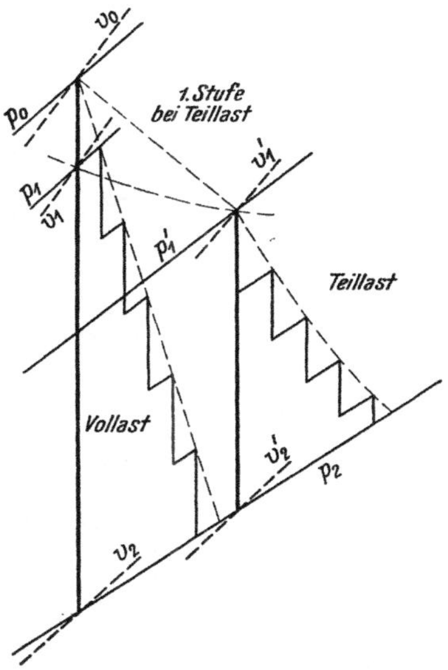

Abb. 2. Düsenregelung. Expansionsverlauf im i-s-Diagramm (schematisch).

A. Das Drosseldruck-Dampfmengen-Diagramm.

Der Eintrittszustand des Dampfes an der Turbine soll bei Vollast mit p_0, v_0, bei Teillast mit p_0', v_0', der adiabatische Endzustand mit p_2, v_2 bzw. p_2, v_2' bezeichnet werden (Abb. 1).

Die Änderung der Dampfmenge mit dem Drosseldruck läßt sich aus dem „Kegel der Dampfgewichte" von Stodola,[1] der in Abb. 3 wiedergegeben ist, ableiten. Die senkrecht zur Achse des Gegendruckes geführten Schnitte bilden Hyperbeln, welche die Änderung der Dampfmenge mit dem Anfangsdruck bei einem bestimmten Gegendruck darstellen. Dabei ist die große Achse jeder Hyperbel durch den Wert $p_0' = p_2$ gegeben, da der Scheitelpunkt dem Wert $G = 0$ entspricht; die kleine Achse sei mit b bezeichnet.

Aus den Gleichungen für den Vollastpunkt $A \ldots \frac{p_0^2}{p_2^2} - \frac{G^2}{b^2} = 1$ und einen Teillastpunkt $A' \ldots \frac{p_0'^2}{p_2^2} - \frac{G'^2}{b^2} = 1$ erhält man durch Vereinigung nach einiger Umformung:

$$\frac{p_0'}{p_0} = \sqrt{g^2\left[1 - \left(\frac{p_2}{p_0}\right)^2\right] + \left(\frac{p_2}{p_0}\right)^2} \qquad (1)$$

wodurch die Abhängigkeit von Dampfmenge und Drosseldruck gegeben ist. In Abb. 4 sind die sich nach dieser Gleichung für verschiedene $\frac{p_2}{p_0}$

[1] Stodola, Dampf- und Gasturbinen, 5. Aufl., S. 262.

ergebenden Kurven dargestellt, die ja ebenfalls Hyperbeln sind. Je kleiner der Wert von $\frac{p_2}{p_0}$ wird, desto mehr nähern sich die Kurven der Geraden. Für $\frac{p_2}{p_0} = 0$, welcher Wert angenähert dem Verhältnis der Kondensationsturbine entspricht, wird die Gerade erreicht.

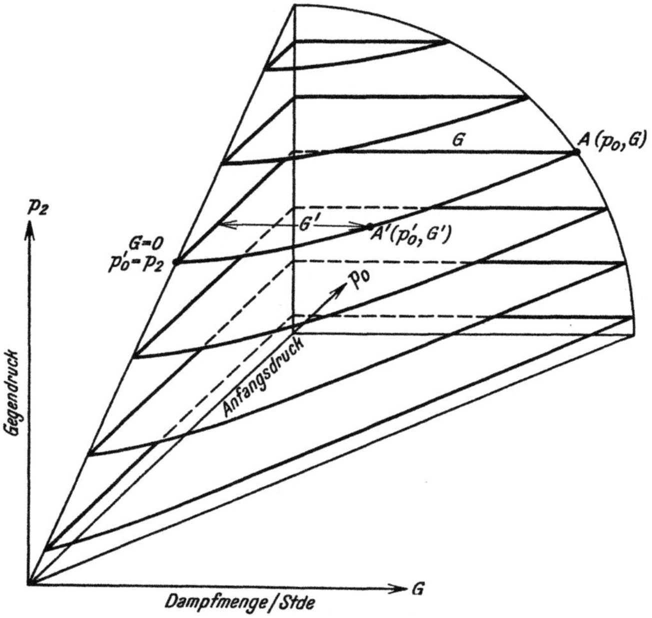

Abb. 3. Kegel der Dampfgewichte.

B. Das Drosseldruck-Gefälle-Diagramm.

Die Verminderung des Gefälles durch Drosselung des Eintrittsdruckes bei gleichbleibendem Gegendruck erfolgt — gleiches Verhältnis $\frac{p_2}{p_0}$ und gleichen Drosseldruck vorausgesetzt — im Sattdampfgebiet rascher als im Heißdampfgebiet. Bei Gegendruckturbinen kann man im allgemeinen annehmen, daß die Expansion zur Gänze im überhitzten Gebiet stattfindet. Bei Kondensationsturbinen, bei welchen die Expansion bis ins Sattdampfgebiet reicht, wäre zwar bei konstantem Gegendruck die Verschiedenheit des Verhaltens im Heiß- und Sattdampfgebiet zu beachten. Nun wirkt aber gerade bei Kondensationsturbinen das durch die gleichbleibende Kühlwassermenge bei Teillast bedingte Absinken von Vakuum und Gegendruck der sonst im Sattdampfgebiet rascher erfolgenden Gefälleverminderung entgegen. Wie sich an Beispielen zeigen läßt, kann aus diesem Grunde auch bei der Kondensationsturbine hier überschlägig so gerechnet werden, als ob die ganze Expansion im Heißdampfgebiet stattgefunden hätte. Diese Vereinfachung kann um so eher getroffen werden, als bei Kondensationsturbinen die Gefälleverminderung

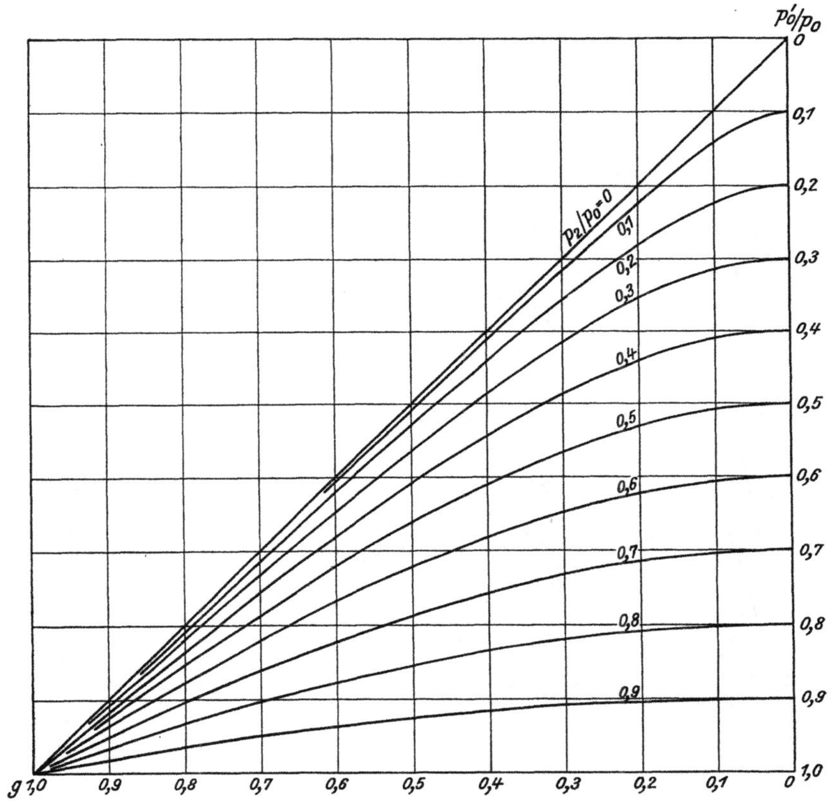

Abb. 4. Drosseldruck-Dampfmengen-Diagramm (für Drosselregelung).

im normalen Arbeitsbereich eine wesentlich geringere Rolle spielt als bei Gegendruckturbinen.

Das adiabatische Wärmegefälle ist dargestellt durch die Gleichung

$$H = A \frac{\varkappa}{\varkappa - 1} (P_0 v_0 - P_2 v_2) \text{ bei Vollast und}$$

$$H' = A \frac{\varkappa}{\varkappa - 1} (P_0' v_0' - P_2 v_2') \text{ bei Teillast.}$$

Die verhältnismäßige Verringerung des Wärmegefälles ergibt sich zu:

$$\frac{H'}{H} = h = \frac{P_0' v_0' - P_2 v_2'}{P_0 v_0 - P_2 v_2} = \frac{p_0' v_0' - p_2 v_2'}{p_0 v_0 - p_2 v_2}.$$

Beachtet man, daß bei Drosselung $p_0\, v_0 = p_0'\, v_0'$, ferner bei adiabatischer Expansion $p_0\, v_0^{\varkappa} = p_2\, v_2^{\varkappa}$ und $p_0'\, v_0'^{\varkappa} = p_2\, v_2'^{\varkappa}$ ist, so erhält man nach einiger Umformung:

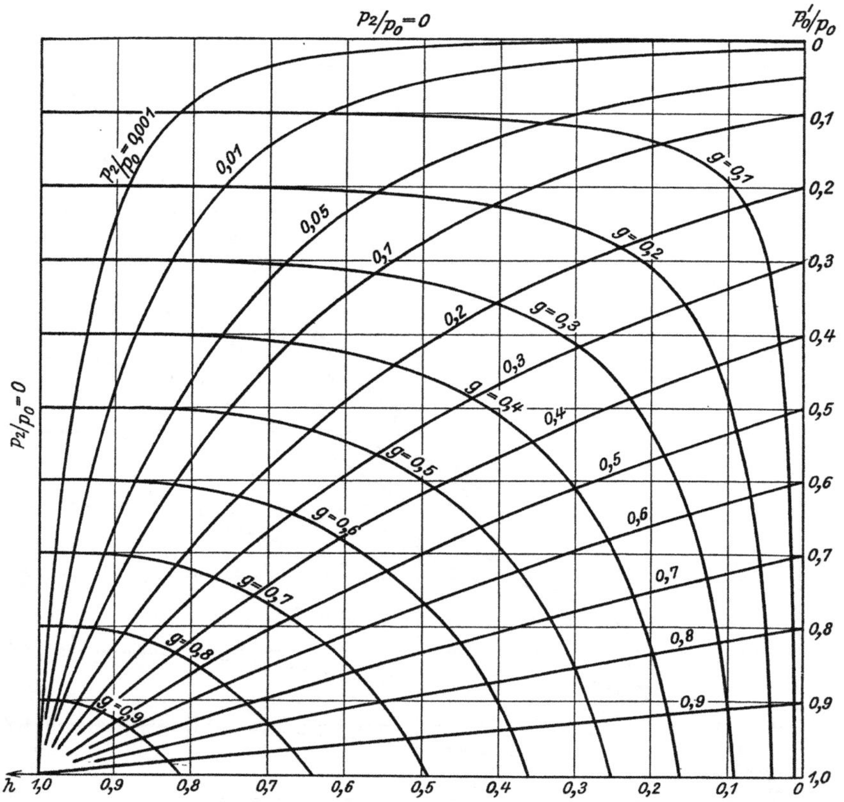

Abb. 5. Drosseldruck-Gefälle-Diagramm (für Drosselregelung).

$$h = \frac{1 - \left(\frac{p_2}{p_0}\right)^{\frac{\varkappa - 1}{\varkappa}} \cdot \left(\frac{1}{\frac{p_0'}{p_0}}\right)^{\frac{\varkappa - 1}{\varkappa}}}{1 - \left(\frac{p_2}{p_0}\right)^{\frac{\varkappa - 1}{\varkappa}}} \tag{2}$$

oder:

$$\left(\frac{p_0'}{p_0}\right)^{\frac{\varkappa - 1}{\varkappa}} = \frac{\left(\frac{p_2}{p_0}\right)^{\frac{\varkappa - 1}{\varkappa}}}{1 - h\left[1 - \left(\frac{p_2}{p_0}\right)^{\frac{\varkappa - 1}{\varkappa}}\right]}. \tag{2 a}$$

Für Heißdampf gilt $\varkappa = 1{,}3$, daher $\frac{\varkappa - 1}{\varkappa} = 0{,}23$. Hiermit ist die Abhängigkeit der Gefälleverminderung vom Drosseldruck gegeben und in Abb. 5 für verschiedene Werte von $\frac{p_2}{p_0}$ in Kurvenform dargestellt.

Trägt man noch die Änderung von g laut Abb. 4 in das Diagramm ein, so läßt sich aus Abb. 5 die gegenseitige Abhängigkeit von $\frac{p_0'}{p_0}$, g und h ablesen.

C. Das Dampfmengen-Leistungs-Diagramm.

Dieses Diagramm stellt die bei jeder Leistung erforderliche Dampfmenge dar, es ist also das eigentliche Dampfverbrauchsdiagramm der Turbine, aus welchem die Teillastverhältnisse am besten zu ersehen sind.

Am einfachsten ist die Ermittlung der „theoretischen" Turbinenleistung, die sich als Produkt von Dampfmenge und Gefälle darstellt, weshalb zunächst ein solches Diagramm entworfen werden möge und anschließend daran die tatsächlichen Vorgänge in der Turbine näher betrachtet werden sollen.

a) Das „theoretische" Leistungsdiagramm.

Bezeichnet wie früher G' die Teillast-Dampfmenge und H' das zugehörige Teillastgefälle, so ist die dem Teillastpunkt entsprechende „theoretische" Leistung $L_{th}' = G' \,.\, H'$. Werden diese Werte zu den Vollastwerten ins Verhältnis gesetzt, so ergibt sich

$$\frac{L_{th}'}{L_{th}} = \frac{G' \,.\, H'}{G \,.\, H} \quad \text{oder} \quad l_{th} = g \,.\, h. \tag{3}$$

Um die Kurven für l_{th} in Abhängigkeit von g zu erhalten, ist aus Abb. 5 zu jedem g-Wert der entsprechende h-Wert entnommen und das Produkt in Abhängigkeit von g aufgetragen. Für die verschiedenen Werte von $\frac{p_2}{p_0}$ durchgeführt, ergibt sich auf diese Weise die Abb. 6.

Für Gegendruckturbinen kommt der Bereich von $\frac{p_2}{p_0} = 0{,}7$ bis $0{,}05$ in Frage, für Kondensationsturbinen der Bereich von $\frac{p_2}{p_0} = 0{,}1$ bis $0{,}001$, wobei wieder die Werte von 0,1 bis 0,05 auf Abdampfturbinen, die Werte von 0,01 bis 0,001 auf normale Kondensationsturbinen entfallen.

Man erkennt schon aus diesem l_{th}-Diagramm, daß die Teillastverhältnisse um so ungünstiger werden, je höher der Wert von $\frac{p_2}{p_0}$ liegt. Daß sich auch bereits bei der „theoretischen" Leistung bei Teilbelastung eine Wirkungsgradverschlechterung ergibt, hat seinen Grund im Verlauf der h-Kurven in Abb. 5. Man könnte also diesen Wirkungsgrad gleichsam als „Gefällewirkungsgrad" bezeichnen.

b) Der „innere" Leerlauf.

Nach dem Verlauf der Kurven der „theoretischen" Leistung in Abb. 8 würde man für $l_{\text{th}} = 0$ auch $g = 0$ erhalten. Dies bedeutet aber, daß bei $l_{\text{th}} = 0$ kein Dampf durch die Turbine strömt und daher auch der Rotor stillstehen müßte.

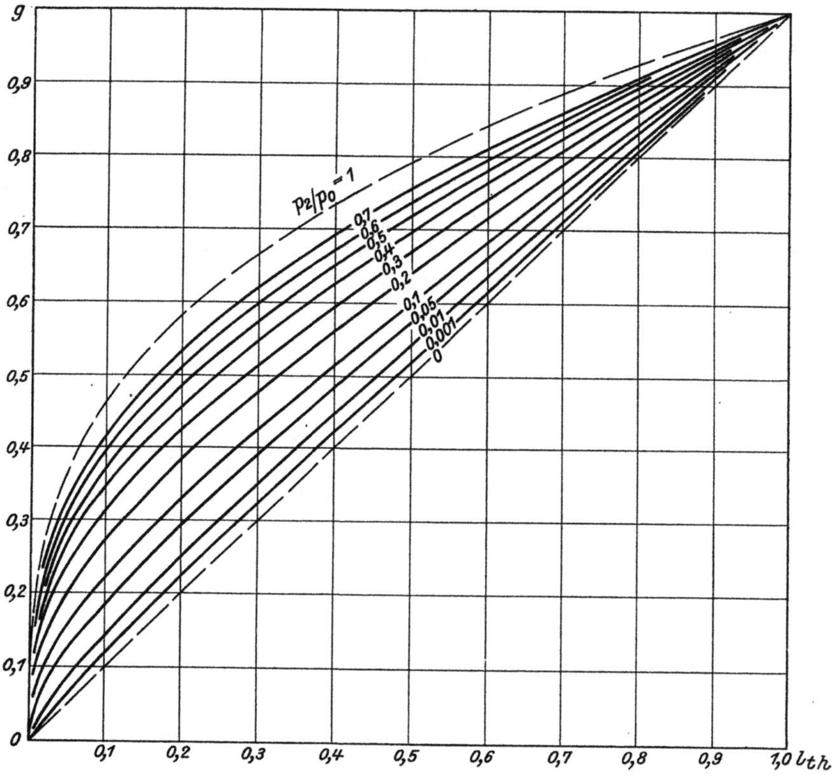

Abb. 6. Diagramm der „theoretischen" Leistung (für Drosselregelung).

Dieser Punkt $g = 0$ kann also im praktischen Betrieb nicht vorkommen. Denn hier sorgt der Tourenregler dafür, daß die durchströmende Dampfmenge bzw. die Dampfgeschwindigkeit auch bei vollständiger Entlastung nur soweit absinkt, als die Betriebsdrehzahl der Turbine noch aufrechterhalten bleibt. Der Betriebspunkt, in dem dieser Zustand erreicht wird, soll „Leerlaufpunkt" genannt werden.

Es möge nun zunächst von allen mechanischen Leistungsverlusten (wie Radreibungs- und Ventilationsverlusten, Lagerreibung und Arbeitsbedarf für Regler- und Ölpumpenantrieb) sowie von allen Dampfverlusten durch Undichtheiten abgesehen und die Leistungsabgabe am Radumfang betrachtet werden. Der dem früher beschriebenen Grenzzustand entsprechende Punkt für die Leistung am Radumfang möge „Innerer Leerlauf" genannt werden.

Um diesen Zustand aufrechtzuerhalten, muß — einer hier nur ganz roh angestellten Überlegung zufolge — die Strömungsgeschwindigkeit des Dampfes in der Turbine noch so groß sein, daß sie bzw. ihre Umfangskomponente der normalen Umfangsgeschwindigkeit des Rotors entspricht. Diesem Wert der Leerlaufdampfgeschwindigkeit ist nun ein bestimmtes Leerlaufgefälle, diesem ein bestimmter Wert des Drosseldruckes und diesem wieder eine bestimmte „Leerlaufdampfmenge" zugeordnet. Die gegenseitige Abhängigkeit von Gefälle, Drosseldruck und Dampfmenge ist aus Abb. 5 ersichtlich, aus der deutlich hervorgeht, daß bei gleichem Leerlaufgefälle die Leerlaufdampfmenge um so größer ist, je höher der Wert $\frac{p_2}{p_0}$ liegt.

Die höhere Leerlaufdampfmenge von Gegendruckturbinen gegenüber Kondensationsturbinen ist daher nicht zur Deckung einer größeren Leerlaufleistung erforderlich, sondern ist der Hauptsache nach bloß eine sekundäre Folgeerscheinung des zur Haltung der Betriebsdrehzahl erforderlichen Leerlaufgefälles.

c) Der Wirkungsgrad am Radumfang.

(In bezug auf die Gefälleausnützung in der Turbine.)

Die Ausnützung des Dampfes in der Turbine erfährt außer dem auf S. 7 besprochenen „Gefällewirkungsgrad" noch eine weitere Verschlechterung, da infolge Verzerrung der „Geschwindigkeitsdreiecke" bei Teillast auch das verfügbare Teillastgefälle nicht mehr voll zur Leistungserzeugung ausgenützt werden kann. Der diese Gefälleausnützung darstellende Wirkungsgrad am Radumfang ist gegeben durch das Verhältnis der Umfangsleistung zum adiabatischen Gefälle. Bei Vollast ist also $\eta_u = \frac{A\,L_u}{H}$, bei Teillast $\eta_u' = \frac{A\,L_u'}{H'}$. Die verhältnismäßige Verschlechterung bei Teillast ergibt sich damit zu

$$\frac{\eta_u'}{\eta_u} = \frac{L_u'}{L_u} \cdot \frac{H}{H'} = \frac{l_u}{h}. \qquad (4)$$

Für $L_u' = 0$ (Leerlauf) wird auch $\eta_u' = 0$. Der Wirkungsgrad am Radumfang nimmt von Vollast bis Leerlauf nach einem bestimmten Gesetz bis auf Null ab. Dieser Wirkungsgradverlauf ist für die verschiedenen Schaufelsysteme nicht gleich, er hängt ab von der Turbinenbauart (Gleichdruckturbine ohne oder mit Auslaßenergieverwertung, Überdruckturbine), ferner von der Wahl der Schaufelwinkel, der Reibungsbeiwerte (φ und ψ bei Gleichdruck- bzw. ζ bei Überdruckturbinen) insbesondere aber vom Verhältnis $\frac{u}{c_1}$ (Umfangsgeschwindigkeit zur absoluten Eintrittsdampfgeschwindigkeit) bei Vollast.[1]

Durch Entwurf der Teillastgeschwindigkeitsdreiecke mit schrittweise verkleinerten Werten von c_1 bis zum „Leerlaufdreieck" (unter Berücksichtigung der durch die Verzerrung bei Teillast auftretenden Stoßverluste) läßt sich aus der Beziehung

$$L_u' = \frac{u}{g}\,(c_{1u}' + c_{2u}') = \frac{u}{g}\,(w_{1u}' + w_{2u}') \tag{5}$$

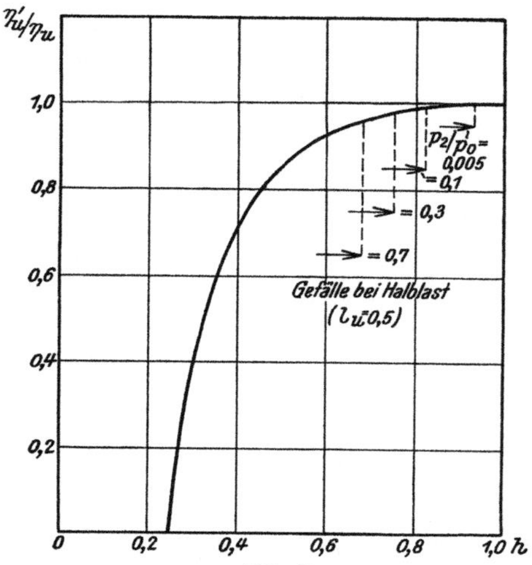

Abb. 7.

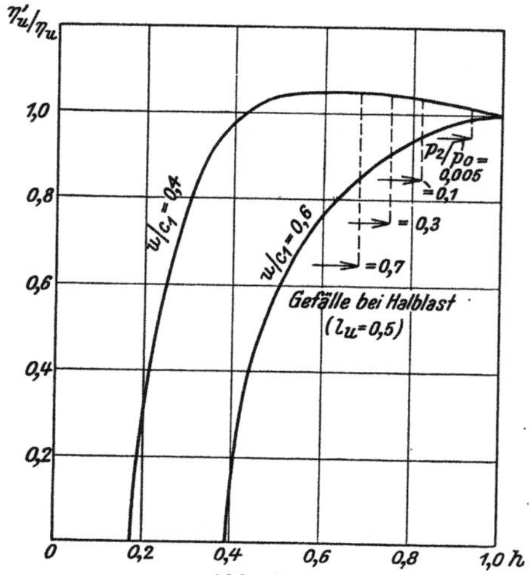

Abb. 8.

Verlauf des Wirkungsgrades am Radumfang in Abhängigkeit vom verfügbaren Teillastgefälle.

Abb. 7. Allgemeiner Durchschnittswert der betrachteten Bauarten bei $\frac{u}{c_1} = 0{,}5$.

Abb. 8. Extremwerte der betrachteten Bauarten bei $\frac{u}{c_1} = 0{,}4$ und $0{,}6$.

die jeweils erzielbare Umfangsleistung und mit der — der Verkleinerung von c_1 entsprechenden — Gefälleverminderung aus Gleichung (4) das Verhältnis $\frac{\eta_u'}{\eta_u}$ ableiten.

Dieses Verfahren wurde mit Mittelwerten der den Verlauf beeinflussenden Größen (Schaufelwinkel und Reibungsbeiwerten) für Gleichdruckturbinen ohne und mit Austrittsenergieverwertung sowie für Überdruckturbinen durchgeführt und dabei in jedem Falle zunächst ein Verhältnis $\frac{u}{c_1} = 0{,}5$ zugrunde gelegt, das ungefähr einer mittleren Qualitätsziffer von 2000 entspricht. Das Ergebnis ist in Abb. 7 dargestellt; diese

[1] Siehe Fußnote auf Seite 1.

Kurve soll als allgemeiner Durchschnittswert des auf die Gefälleausnützung bezogenen Wirkungsgradabfalles betrachtet werden.

Um nun noch gewisse Extremwerte zu gewinnen, wurden auch Wirkungsgradkurven für ein Verhältnis $\frac{u}{c_1} = 0{,}4$ und 0,6 entworfen.

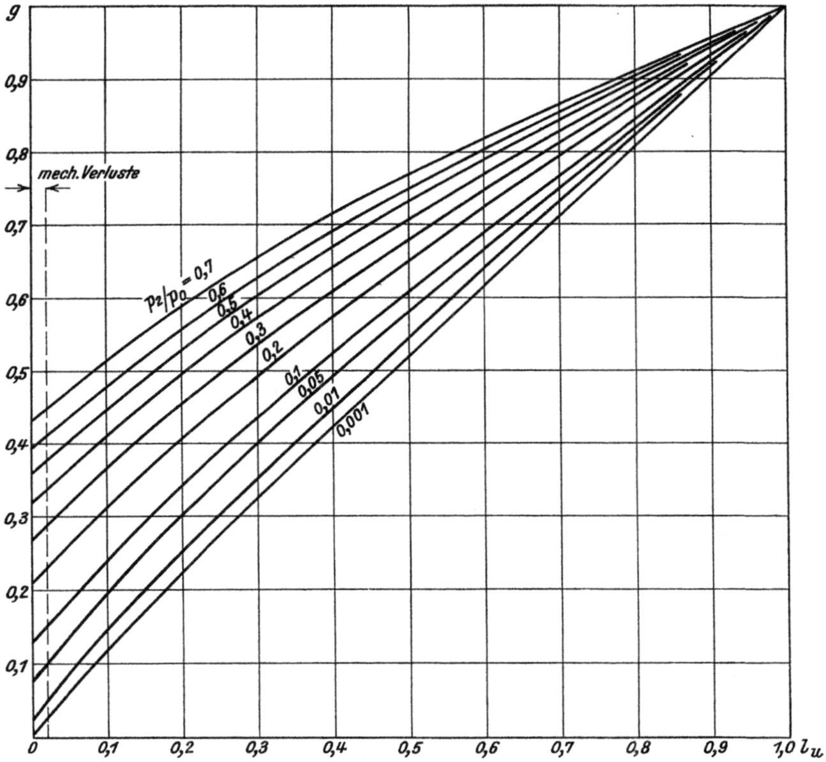

Abb. 9. Diagramm der Umfangs-Leistung (für Drosselregelung).

Davon sind in Abb. 8 jene Kurven dargestellt, welche unter den erhaltenen die stärksten Extreme aufwiesen.

Man sieht aus den erwähnten Abbildungen deutlich, daß der Wirkungsgradabfall um so rascher erfolgt und das Leerlaufgefälle um so größer ist, je höher der Wert von $\frac{u}{c_1}$ liegt. Zum Verlauf der Kurve für $\frac{u}{c_1} = 0{,}4$ wäre zu bemerken, daß hier der auf die Ausnützung des Teillastgefälles bezogene Wirkungsgrad zuerst zu- und später erst abnimmt. Infolge des Einflusses des „Gefällewirkungsgrades" (siehe S. 7) wird der Gesamtwirkungsgrad bei Teillast zwar nicht zunehmen, aber weniger rasch abnehmen als bei größerem $\frac{u}{c_1}$.

Beim Vollastwirkungsgrad liegen die Verhältnisse umgekehrt, da bei kleinerer Qualitätsziffer q (die kleinerem $\frac{u}{c_1}$ entspricht) der Vollastwirkungsgrad niedriger wird. Man hat es, wie ja bekannt, durch Wahl des $\frac{u}{c_1}$ in der Hand, Turbinen mit gutem Vollast- und relativ schlechteren

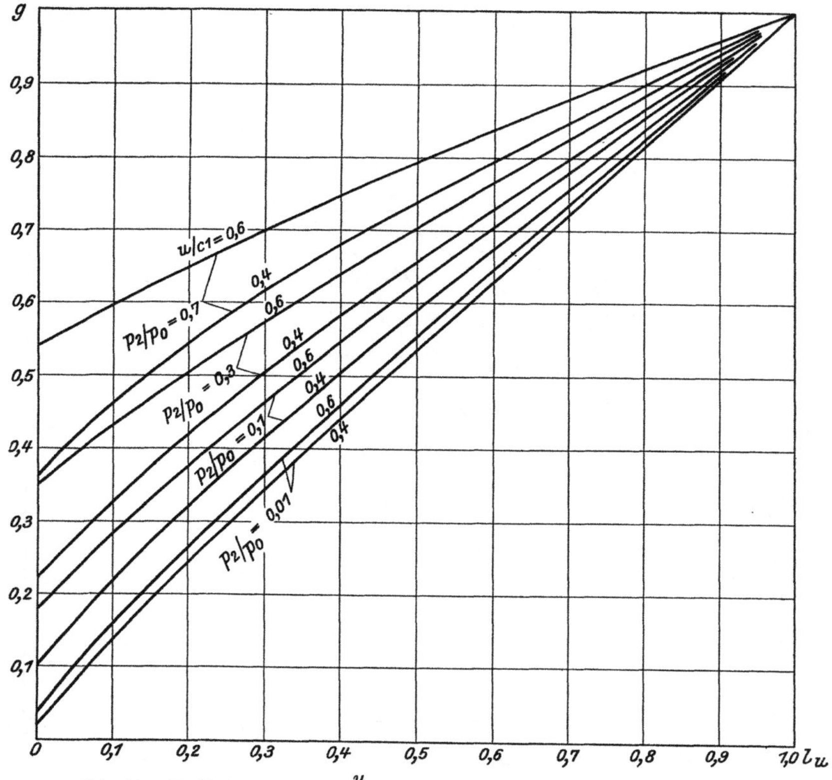

Abb. 10. Einfluß des Wertes $\frac{u}{c_1}$ auf das Diagramm der Umfangsleistung.

Teillastwirkungsgraden, bzw. schlechtem Vollast- und relativ besseren Teillastwirkungsgraden zu entwerfen.

d) Das Diagramm der „Umfangsleistung“.

Aus dem Diagramm der „theoretischen“ Leistung Abb. 6 erhält man unter Berücksichtigung der aus Abb. 7 zu entnehmenden Wirkungsgrade die „Umfangsleistung“.

$$\frac{L_u'}{L_u} = \frac{L_{th}'}{L_{th}} \cdot \frac{\eta_u'}{\eta_u} \quad \text{oder} \quad l_u = l_{th} \cdot \frac{\eta_u'}{\eta_u}. \tag{6}$$

Das zu jedem l_{th} gehörige h bestimmt sich mittels des Wertes für g aus Abb. 5; mit h erhält man aus Abb. 7 das zugehörige $\frac{\eta_u'}{\eta_u}$. Trägt man das sich ergebende l_u in Abhängigkeit von g auf, so entsteht das Diagramm der Umfangsleistung Abb. 9, das für jedes Druckverhältnis die Abhängigkeit von g und l_u zeigt.

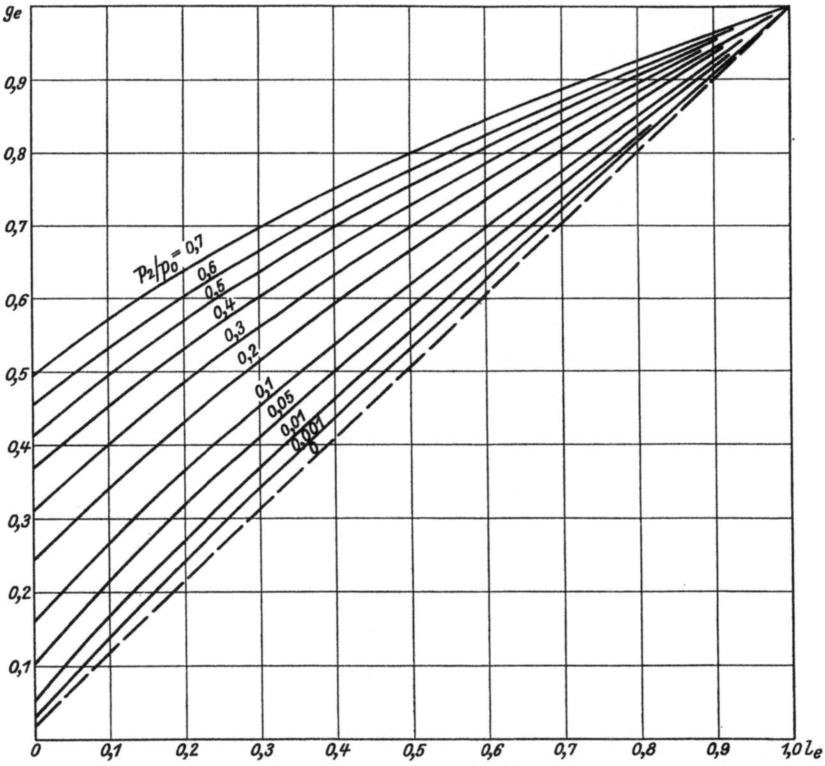

Abb. 11. Diagramm der effektiven Leistung und effektiven Dampfmenge (für Drosselregelung).

Für die in Abb. 8 dargestellten Extremwerte des Wirkungsgradverlaufes ist in Abb. 10 das l_u-g-Diagramm bei $\frac{p_2}{p_0} = 0{,}7$, $0{,}3$, $0{,}1$ und $0{,}01$ entworfen. Wie zu ersehen, ist der Einfluß des Wertes von $\frac{u}{c_1}$ auf den Verlauf des Teillastdampfverbrauchs desto geringer, je kleiner der Wert von $\frac{p_2}{p_0}$ ist. Bei Kondensationsturbinen ist er fast nicht mehr von Bedeutung.

Es liegt dies daran, daß die Abdrosselung des Gefälles bei gleicher

Teilbelastung für hohe Werte von $\frac{p_2}{p_0}$ bedeutend größer ist als für kleine. In Abb. 7 und 8 sind als Beispiel die Werte für h bei Halblast ($l_u = 0{,}5$) bei verschiedenen $\frac{p_2}{p_0}$ eingetragen. Bei Kondensationsturbinen liegt das Halblastgefälle noch sehr hoch (etwa $h = 0{,}93$), so daß sich der Wirkungsgrad gegenüber Vollast bei verschiedenem $\frac{u}{c_1}$ nur ganz unwesentlich verändert.

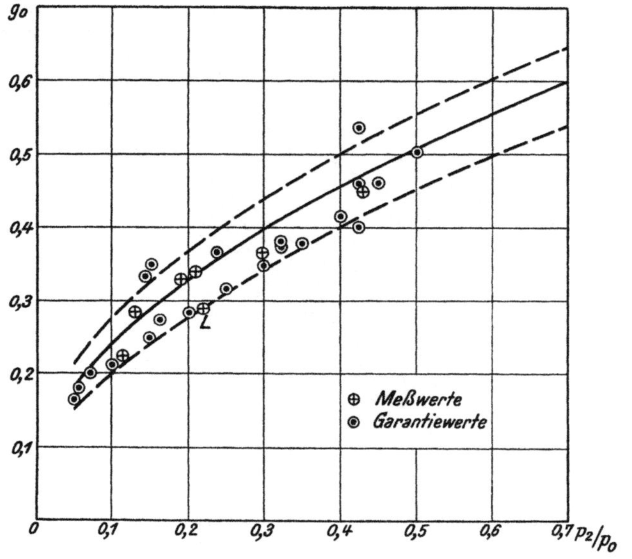

Abb. 12. „Extrapolierte" Leerlaufzahlen für Gegendruckturbinen (Mittel- und Extremwerte).

e) Das Diagramm der effektiven Leistung.

Bis jetzt wurde von allen mechanischen und Undichtheitsverlusten abgesehen. Bei Ermittlung der effektiven Leistung und der effektiv von der Turbine verbrauchten Dampfmenge sind diese Verluste durch entsprechende Zuschläge zu berücksichtigen.

Die mechanischen Verluste (durch Radreibung, Ventilation, Lagerreibung und Reglerantrieb) fallen bei kleineren Leistungen relativ stark ins Gewicht, während sie bei größeren Maschinen kaum 2% betragen.

Für die Verluste durch Undichtheiten möge mit der von Dr. Rennfordt[1] angegebenen Formel gerechnet werden. Nach dieser ist der Zuschlag zur Leerlaufdampfmenge in Prozenten der Vollastdampfmenge

[1] „Archiv f. Wärmewirtschaft", 1928, Heft 1.

$$Zu = 100 - \frac{100}{1 + \frac{\frac{p_2}{p_0}}{15}}. \tag{7}$$

Die sich unter Berücksichtigung des eben Gesagten aus den Diagrammen der „Umfangsleistung“ ergebende Abhängigkeit der effektiven Leistung vom effektiven Dampfverbrauch ist in Abb. 11 dargestellt.

Aus dem Diagramm ist zu ersehen, daß der Verlauf des Dampfverbrauches zwischen Voll- und Halblast selbst bei $\frac{p_2}{p_0} = 0{,}7$ nur um maximal zirka 1% der Dampfmenge des betreffenden Punktes von der Geraden abweicht. Es läßt sich also dieser Teil des Dampfverbrauchsverlaufes ohne weiteres mit vollständig ausreichender Genauigkeit durch eine Gerade ersetzen. Zieht man diese Gerade bis zur Ordinatenachse, so werden die Abweichungen des tatsächlichen Verlaufes von der Geraden immer größer. Bei etwa $^1/_4$-Last erreichen sie zirka 5%, das ist das bei Abgabe der Garantieziffern für Gegendruckturbinen vielfach übliche Spiel. Belastungen unter $^1/_4$-Last können aber kaum mehr als im geregelten Betrieb durch längere Zeit vorkommend angesehen werden.

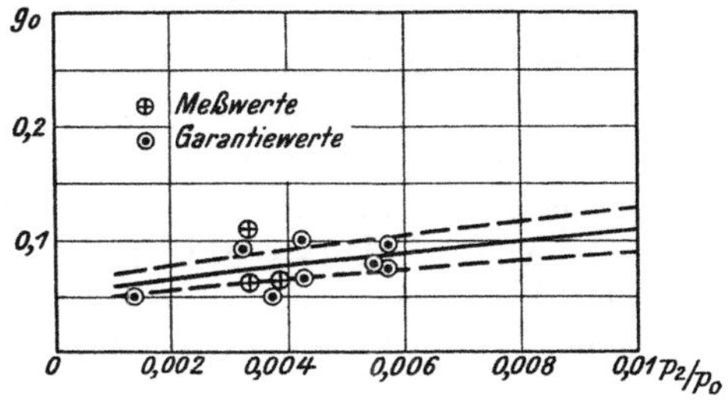

Abb. 13.

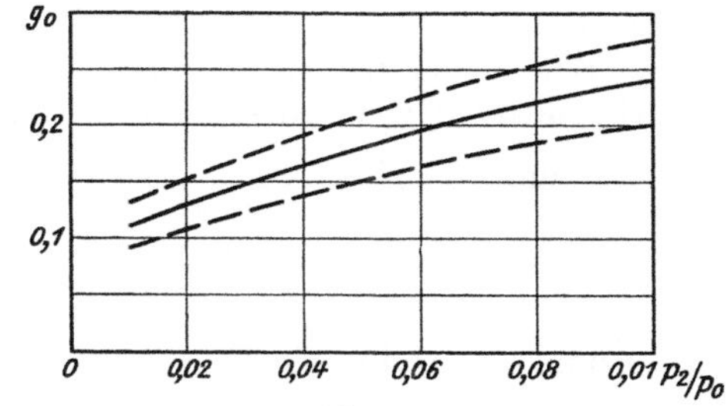

Abb. 14.

„Extrapolierte“ Leerlaufzahlen für Kondensationsturbinen bei Drosselregelung (Mittel- und Extremwerte).
Abb. 13. Normale Kondensationsturbinen.
Abb. 14. Abdampfturbinen.

Es liegt daher nahe, den Dampfverbrauchsverlauf der Einfachheit halber durch eine zwischen Voll- und Halblastpunkt gezogene Gerade zu ersetzen. Hierzu wäre auch noch zu bemerken, daß auf den Verlauf zwischen Voll- und Halblast in erster Linie der für alle Turbinenbauarten gültige „Gefälle“-Wirkungsgrad Einfluß hat, und zwar um so mehr, je tiefer $\frac{p_2}{p_0}$ liegt. Der Verlauf unter dem Halblastpunkt (sowie der Leerlaufpunkt selbst) wird von der Kurvenform des Wirkungsgrades der Gefälleausnützung $\frac{\eta_u'}{\eta_u}$ bestimmt. Da bei Bestimmung der letzteren eine Reihe von Annahmen getroffen werden mußte, so bedeutet der Ersatz durch die bei kleinen Belastungen über dem Dampfverbrauchsverlauf gelegene Gerade jedenfalls eine gewisse Sicherheit. Daß die Dampfverbrauchskurve bei drosselgeregelten Turbinen bei kleinen Belastungen unter der zwischen Voll- und Halblastpunkt gezogenen Geraden verläuft, wurde auch anläßlich einer Messung an einer Gegenlaufturbine (so ziemlich die einzige heute noch mit Drosselregelung arbeitende, hochwertigere Gegendruckturbinenbauart) festgestellt.[1]

f) Die Leerlaufzahl.

Für die beiden zur Darstellung der Dampfverbrauchsgeraden erforderlichen Punkte möge einerseits der Vollastpunkt, andererseits der sich durch Extrapolation zwischen Voll- und Halblastpunkt (Abb. 11) ergebende „extrapolierte" Leerlaufpunkt gewählt werden.

In Abb. 12 bis 14 sind nun diese sich aus dem Diagramm der „effektiven" Leistung durch Extrapolation ergebenden Leerlaufzahlen dargestellt, wobei sich die Mittelkurve auf die Durchschnittswerte für $\frac{u}{c_1} = 0{,}5$, die beiden anderen Kurven auf die gewählten „Extremwerte" beziehen.

Wie schon früher hervorgehoben, nähern sich bei Kondensationsturbinen die Extremwerte dem Mittelwert sehr stark. Daraus ist zu ersehen, daß bei Kondensationsturbinen die Wahl von $\frac{u}{c_1}$, bzw. die Form der Kurven $\frac{\eta_u'}{\eta_u}$ für die Größe der Leerlaufzahl fast keine praktische Bedeutung hat. (Hier sind mehr die mechanischen Verluste, Leistung, Ausführung, Drehzahl usw. von Einfluß.)

Wenn im vorstehenden von „Extrem"-Werten gesprochen wird, so ist dies immer in bezug auf die in Betracht gezogenen Bauarten mit mittlerer Qualitätsziffer zu verstehen. Es werden daher Leerlaufzahlen minderwertiger Bauarten, z. B. mit $\frac{u}{c_1} = 0{,}3$ auch noch unter den genannten „Extrem"-Werten liegen, doch sollen diese Bauarten, wie schon erwähnt, aus der Betrachtung ausgeschaltet bleiben.

D. Vergleich mit Versuchs- und Garantiewerten.

Um die Verwendbarkeit der abgeleiteten Leerlaufzahlkurven zum Zweck des überschlägigen Entwurfes von Verbrauchsdiagrammen für Gegendruck- und Kondensationsturbinen zu überprüfen, sind in Abb. 12 und 14 eine Reihe von Leerlaufpunkten eingetragen, die aus bekanntgewordenen Meß- und Garantiewerten ebenfalls durch Extrapolation zwischen Voll- und Halblastpunkt ermittelt wurden. (Des Interesses

[1] Siehe Druckblatt der STAL 31 T IV 27.

halber wurden in Abb. 12 auch ein Meßwert und einige Garantiewerte von Ljungström - Gegenlaufturbinen [mit Drosselregelung arbeitende Radial-Bauart] mit aufgenommen. Sie liegen durchwegs unter der Mittelkurve; der Meßwert ist mit „L" bezeichnet.)

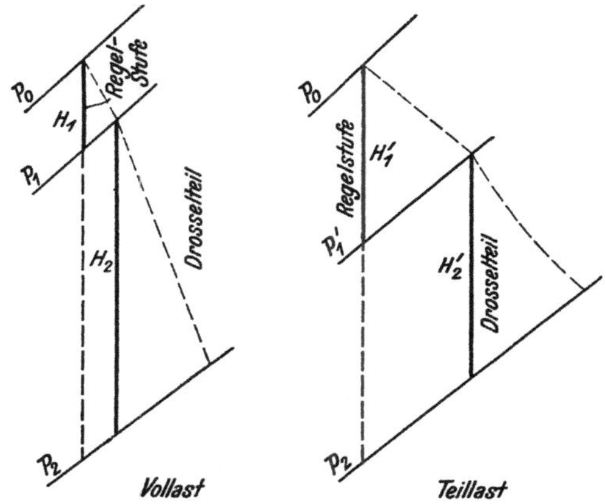

Abb. 15. Expansionsverhältnisse bei Düsenregelung im i-s-Diagramm.

2. Die Düsenregelung.

Bei der Düsenregelung wird der Dampfdurchsatz durch Zu- und Abschalten von Düsengruppen der jeweiligen Leistung angepaßt. Dabei bleibt das adiabatische Gefälle für die Turbine — als Ganzes betrachtet — ziemlich unverändert, innerhalb der Turbine erfolgt jedoch bei Teilbelastung eine starke Verschiebung in der Aufteilung des Gefälles zwischen der ersten und den übrigen Stufen (Abb. 2 und 15).

Man kann die düsenregulierte Turbine in zwei Teile zerlegt denken, von denen der erste durch die Regelstufe gebildet wird, während als zweiter Teil die zweite bis letzte Stufe betrachtet werden kann. Dieser zweite Teil folgt den Gesetzen der Drosselregelung, nur daß der Expansionsbeginn nicht auf einer Linie $p_1\ v_1 =$ konst (Horizontale im i-s-Diagramm), sondern auf einer Kurve $p_1'\ v_1'^n = p_1 v_1^n$ (Polytrope mit n zwischen 1 und 1,3) liegt (Abb. 2 und 16).

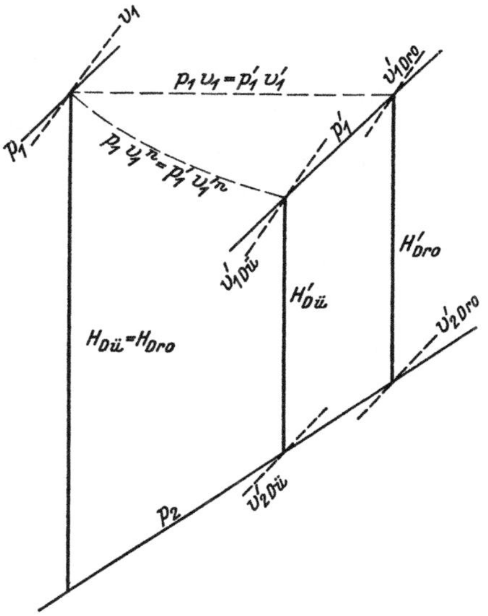

Abb. 16. Expansionsverhältnisse für die zweite bis letzte Stufe bei Düsen- und Drosselregelung.

Diese Polytrope ist bestimmt durch die Expansionsendpunkte der Regelstufe, also durch den Verlauf des Wirkungsgrades derselben bei Teillast. Liegt der Exponent n fest, so lassen sich, so wie bei der Drosselregelung, die Beziehungen zwischen Drosseldruck $\left(\text{hier } \frac{p_1'}{p_1}\right)$ und Dampfmenge, bzw. Drosseldruck und adiabatischem Gefälle ableiten. Damit können dann, wieder unter Berücksichtigung des auf die Gefälleausnützung bezogenen Wirkungsgradverlaufes, Leistungskurven für den Turbinenteil der zweiten bis letzten Stufe (im folgenden kurz „Drosselteil“ genannt) für verschiedene Druckverhältnisse $\frac{p_2}{p_1}$ entworfen wer-

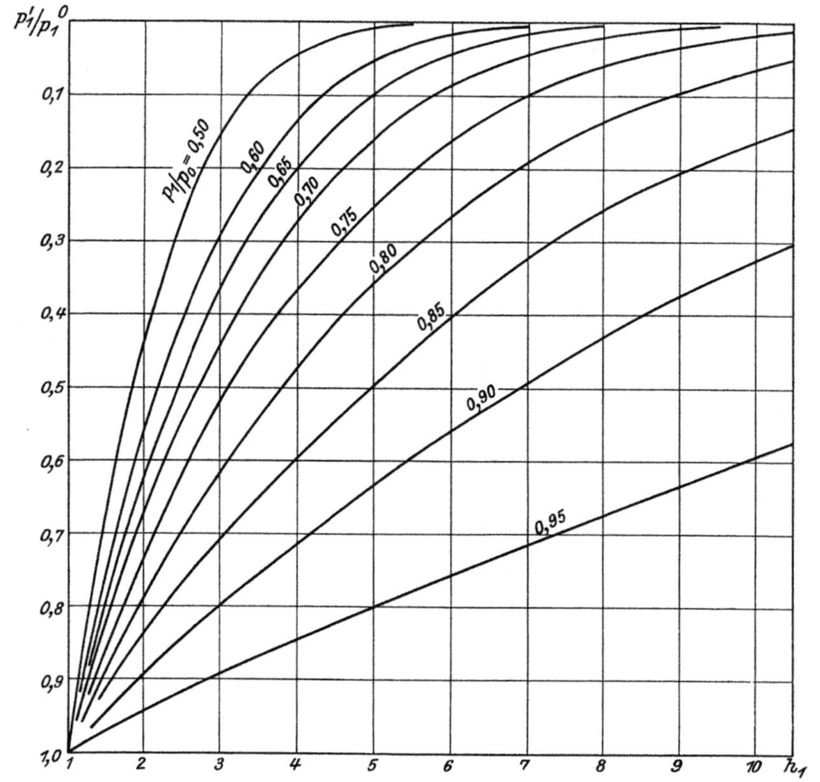

Abb. 17. Enddruck-Gefälle-Diagramm der Regelstufe.

den. Mit Leistungsdiagrammen der Regelstufe für bestimmte $\frac{p_1}{p_0}$ zusammengesetzt, ergeben sich schließlich die Leistungskurven der ganzen Turbine.

A. Die Regelstufe.

Die Regelstufe ist eine partial beaufschlagte Gleichdruckstufe. Das Laufrad derselben kann als einkränziges oder zweikränziges Gleichdruckrad (mit Geschwindigkeitsabstufung) ausgeführt sein.

a) Das Enddruck-Gefälle-Diagramm.

Wie schon erwähnt, wird bei Teillast das von der Regelstufe zu verarbeitende Gefälle immer größer. Die Abhängigkeit des adiabatischen Gefälles von der Erniedrigung des Enddruckes läßt sich mit Bezug auf Abb. 2 und 15 wie folgt darstellen:

$$\frac{H_1'}{H_1} = h_1 = \frac{p_0 v_0 - p_1' v_1'}{p_0 v_0 - p_1 v_1}.$$

Mit Berücksichtigung der bei adiabatischer Expansion gültigen Beziehungen ergibt sich nach Umformung:

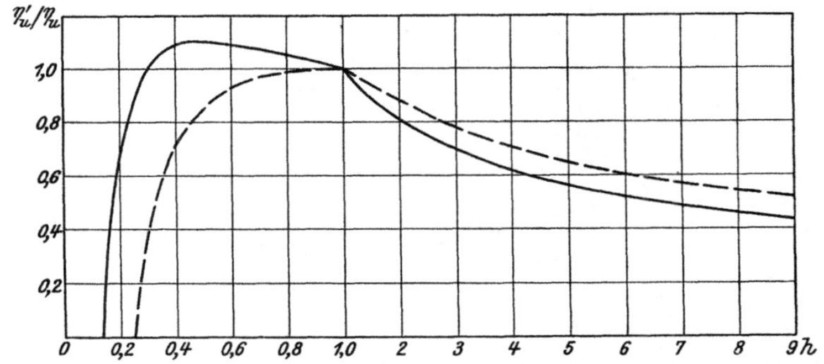

Abb. 18. Verlauf des Umfangswirkungsgrades der Regelstufe in Abhängigkeit vom verfügbaren Teillastgefälle. ——— Allgemeiner Mittelwert für einstufige Aktionsräder mit $\frac{u}{c_1} = 0{,}3$ bis $0{,}4$ und zweikränzige Curtisräder, – – – Durchschnittswert für hochwertige einstufige Aktionsräder mit $\frac{u}{c_1} = 0{,}5$.

$$h_1 = \frac{1 - \left(\frac{p_1'}{p_1}\right)^{\frac{\varkappa - 1}{\varkappa}} \cdot \left(\frac{p_1}{p_0}\right)^{\frac{\varkappa - 1}{\varkappa}}}{1 - \left(\frac{p_1}{p_0}\right)^{\frac{\varkappa - 1}{\varkappa}}}. \tag{8}$$

Diese Abhängigkeit von h_1 und $\frac{p_1'}{p_1}$ ist für verschiedene Werte von $\frac{p_1}{p_0}$ in Abb. 17 dargestellt.

Die Durchsatzmenge der Turbine wird nicht von der Regelstufe, sondern vom „Drosselteil" bestimmt, dessen Expansionsanfangspunkte mit den tatsächlichen (nicht den adiabatischen) Expansionsendpunkten der Regelstufe zusammenfallen. Um sie zu erhalten, sind zunächst die Kurven des Wirkungsgradabfalles der Regelstufe bei Teillast zu bestimmen.

b) Verlauf des Teillastwirkungsgrades.

Wie bei der Drosselregulierung schon erwähnt, läßt sich der Wirkungsgradverlauf durch Aufzeichnen der Geschwindigkeitsdreiecke ermitteln, wobei im vorliegenden Fall jedoch die Veränderung durch Vergrößerung des Gefälles bzw. der Dampfgeschwindigkeit eintritt. Abb. 18 stellt den Verlauf des Wirkungsgrades in Abhängigkeit des Gefälles dar, und zwar bezieht sie sich auf Mittelwerte, die sich bei Zugrundelegung verschiedener Verhältnisse von $\frac{u}{c_1}$ (0,4 und 0,3 bei einkränzigen, 0,2 bei zweikränzigen Laufrädern) und Durchschnittswerten von Schaufelwinkeln und Reibungskoeffizienten ergeben. (Die Kurve ist für einen späteren Zweck auch im Gebiet $h_1 < 1$ dargestellt.)

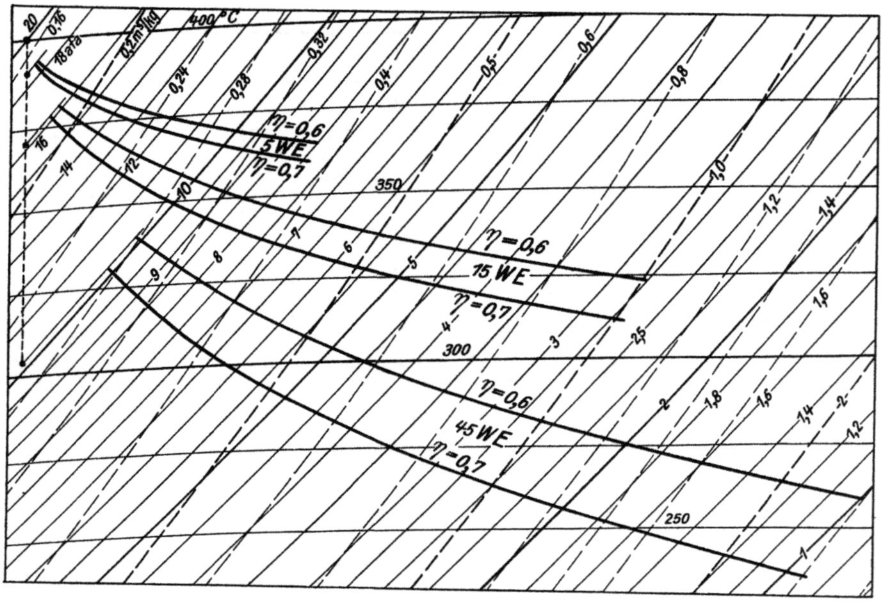

Abb. 19. Expansions-Endpunkte der Regelstufe im i-s-Diagramm bei einem bestimmten Anfangszustand und verschiedenen Werten von Vollast-Gefälle und -Wirkungsgrad.

Nun kann die Linie der tatsächlichen Expansionsendpunkte der Regelstufe im i-s-Diagramm eingetragen werden, was in Abb. 19 für verschiedene Vollastgefälle und Vollastwirkungsgrade der Regelstufe durchgeführt ist.

Aus den Werten von p_1 und v_1, die auf den so erhaltenen Kurven der Abb. 19 liegen, ergibt sich als Mittelwert ein $n = 1{,}08$, so daß sich die Gleichung dieser Kurven $p_1' \, v_1'^{\,1,08} = p_1 \, v_1^{\,1,08}$ schreiben läßt.

Dieser Wert von n wird bei einem Wirkungsgradabfall, der geringer ist als der als Mittelwert gewählte, etwas größer, bei stärkerem Wirkungsgradabfall etwas kleiner werden. Der Wert des Vollastwirkungsgrades selbst und die Größe des Vollastgefälles sind von verhältnismäßig geringem Einfluß.

B. Der „Drosselteil“.

Wie bei der Drosselregulierung für die ganze Turbine, so kann auch für den „Drosselteil“ der düsenregulierten Turbine die Abhängigkeit von Drosseldruck und Dampfmenge einerseits, sowie Drosseldruck und adiabatischem Wärmegefälle andererseits ermittelt werden.

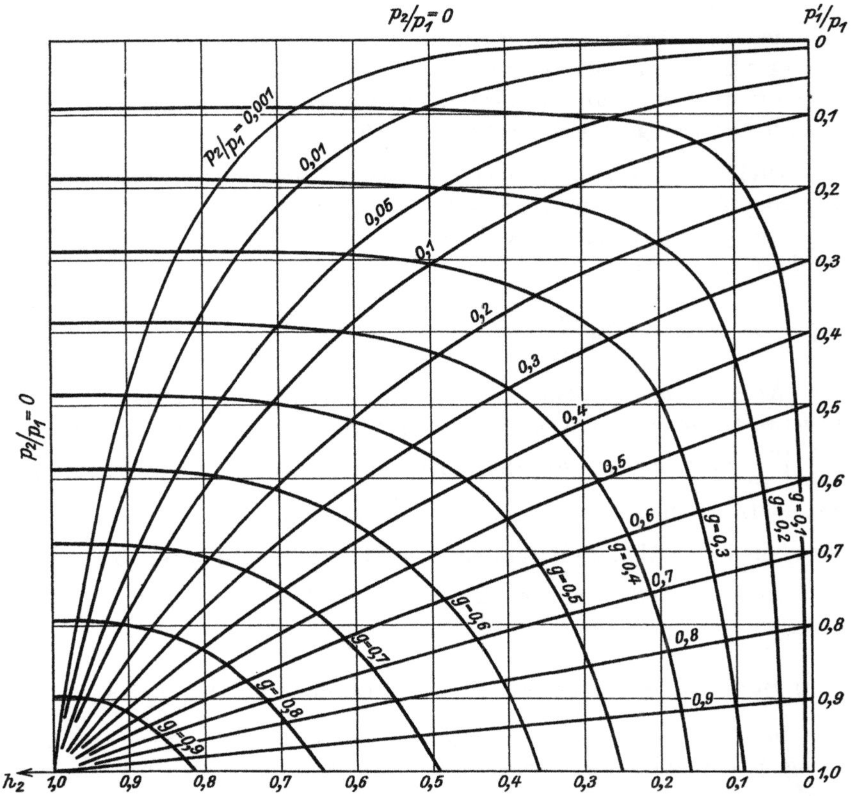

Abb. 20. Drosseldruck-Gefälle-Dampfmengen-Diagramm des Drosselteiles (bei Düsenregelung).

a) Beziehung zwischen Drosseldruck und Wärmegefälle.

Mit den Bezeichnungen der Abb. 15 und 16 läßt sich schreiben:

$$\frac{H_2'}{H_2} = h_2 = \frac{p_1' v_1' - p_2 v_2'}{p_1 v_1 - p_2 v_2}.$$

Mit Berücksichtigung der Beziehungen $p_1 v_1^{\varkappa} = p_2 v_2^{\varkappa}$ bzw. $p_1' v_1'^{\varkappa} = p_2 v_2'^{\varkappa}$ und der Polytropengleichung $p_1' v_1'^{n} = p_1 v_1^{n}$ erhält man nach Umformung

$$h_2 = \frac{\left(\frac{p_1'}{p_1}\right)^{\frac{n-1}{n}} - \left(\frac{p_2}{p_1}\right)^{\frac{\varkappa-1}{\varkappa}} \cdot \left(\frac{p_1'}{p_1}\right)^{\frac{1}{\varkappa}-\frac{1}{n}}}{1-\left(\frac{p_2}{p_1}\right)^{\frac{\varkappa-1}{\varkappa}}}. \tag{9}$$

Gleichung (9) ergibt also die Gefälleverminderung bei Teilbelastung für den allgemeinen Fall irgendeiner Polytrope $p_1 v_1^n =$ konst. Für Drosselregulierung wäre p_1 durch p_0 bzw. p_1' durch p_0' zu ersetzen und $n = 1$ zu machen. Mit diesen Werten entsteht aus Gleichung (9) tatsächlich die für Drosselregelung abgeleitete Gleichung (2).

Dividiert man zum Vergleich der Gefälleverminderung bei Drosselregelung (h_{Dro}) und beim ,,Drosselteil" der düsenregulierten Turbine ($h_{\text{Dü}}$) Gleichung (9) durch (2), wobei in letzterer $p_0' = p_1'$ und $p_0 = p_1$ gesetzt wird, so erhält man:

$$\frac{h_{\text{Dü}}}{h_{\text{Dro}}} = \left(\frac{p_1'}{p_1}\right)^{\frac{n-1}{n}} = \left(\frac{p_1'}{p_1}\right)^{0,074}. \tag{10}$$

Werden also in dem für Drosselregulierung entworfenen Drosseldruckgefällediagramm Abb. 5 alle zugehörigen h-Werte mit dem Faktor $\left(\frac{p_1'}{p_1}\right)^{0,074}$ multipliziert, so erhält man das Drosseldruckgefällediagramm $\left[h_2 = f\left(\frac{p_1'}{p_1}\right)\right]$ für den ,,Drosselteil" der düsenregulierten Turbine. Das Ergebnis ist in Abb. 20 dargestellt. Die Abweichungen gegenüber Abb. 5 sind um so größer, je kleiner der Wert von $\frac{p_1'}{p_1}$ ist.

b) Beziehung zwischen Drosseldruck und Dampfmenge.

In ähnlicher Weise kann man aus Abb. 4 das Drosseldruck-Dampfmengen-Diagramm des ,,Drosselteiles" der düsengeregelten Turbine entwerfen.

Die hierzu erforderliche Beziehung zwischen den betreffenden Dampfmengen erhält man durch entsprechende Ableitung zu:

$$\frac{g_{\text{Dü}}}{g_{\text{Dro}}} = \left(\frac{p_1'}{p_1}\right)^{\frac{1-n}{2n}} = \left(\frac{p_1'}{p_1}\right)^{-0,037} = \frac{1}{\left(\frac{p_1'}{p_1}\right)^{0,037}}. \tag{11}$$

Es sind also alle g-Werte der Abb. 4 durch den Ausdruck $\left(\frac{p_1'}{p_1}\right)^{0,037}$ zu dividieren. Die so erhaltenen Werte sind gleich in das Diagramm Abb. 20 eingetragen.

c) Das Dampfmengen-Leistungs-Diagramm.

Mit Hilfe des Diagramms Abb. 20 und der Kurve des Wirkungsgradabfalles für $\frac{u}{c_1} = 0{,}5$ (Abb. 7) kann, analog dem bei der Drosselregulierung besprochenen Vorgang, das Diagramm der Umfangsleistung des „Drosselteiles“ für mittlere Verhältnisse bestimmt werden. Es gilt hier: $l_{u2} = g_2 \cdot h_2 \cdot \frac{\eta_{u2}'}{\eta_{u2}}$. Das so entstandene Diagramm zeigt Abb. 21.

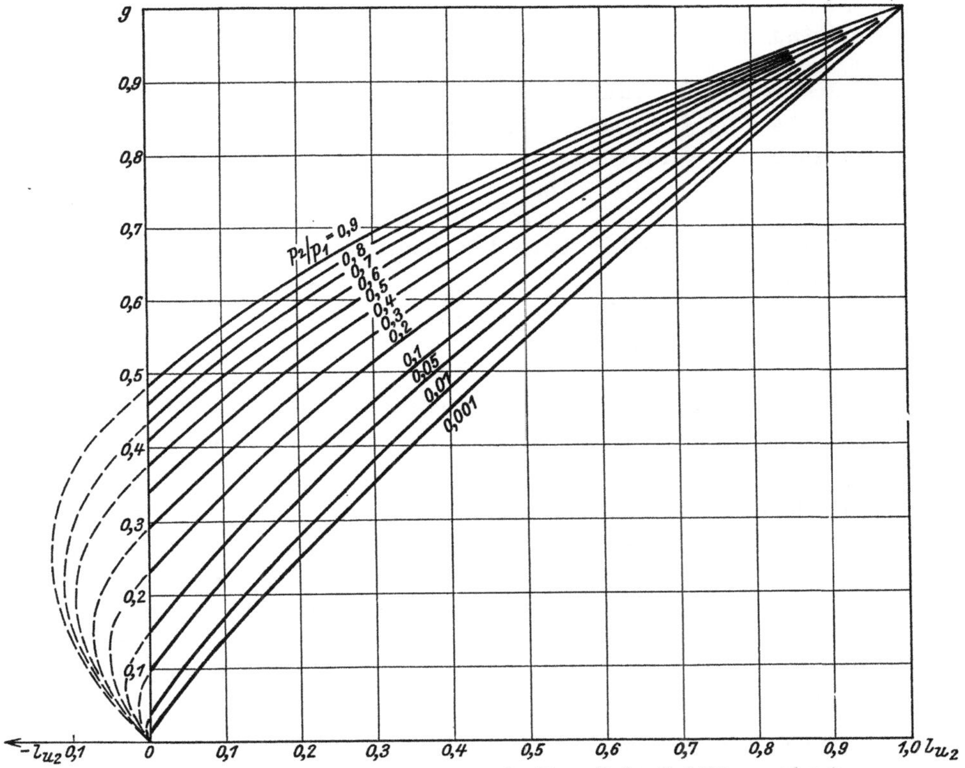

Abb. 21. Diagramm der Umfangsleistung des Drosselteiles (bei Düsenregelung).

C. Die Zusammenarbeit von Regelstufe und Drosselteil. Das Gesamtdiagramm.

Der Dampfverbrauchsverlauf bei Teillast hängt bei der düsengeregelten Turbine von einer ganzen Reihe verschiedener Größen ab. Der Drosselteil beeinflußt — wie bei der Drosselregelung gezeigt — hauptsächlich durch das Verhältnis $\frac{u}{c_1}$ den Teillastdampfverbrauch. Bei der Regelstufe ist ebenfalls das Verhältnis $\frac{u}{c_1}$, aber auch der Vollastwirkungsgrad selbst, bzw. das Verhältnis ihres Vollastwirkungsgrades zum Vollastwirkungsgrad des Drosselteiles maßgebend. Da ferner auch das auf die Regelstufe entfallende Wärmegefälle bzw. der Wert von $\frac{p_1}{p_0}$ von Einfluß ist, weiters die Anzahl und Anordnung der Düsengruppen bzw. Düsenventile, so scheint es zunächst, als ob sich für die Düsenregelung keine einfachen Beziehungen für den Teillastdampfverbrauch bzw. die Leerlaufzahl aufstellen lassen. Nach Untersuchung der einzelnen Fälle sollen aber auch hier entsprechende Mittelwerte ausgewählt und der Gültigkeitsbereich durch „Extremwerte" begrenzt werden.

a) Leistungsaufteilung zwischen Regelstufe und Drosselteil.

Ist der Vollastwirkungsgrad der Regelstufe η_1, der des Drosselteiles η_2, die bezüglichen Wärmegefälle H_1 und H_2, so ist:

$$\frac{L_{u1}}{L_{u2}} = \frac{\eta_1}{\eta_2} \cdot \frac{H_1}{H_2}. \tag{12a}$$

Der Leistungsanteil der Regelstufe an der Gesamtleistung der Turbine beträgt dann:

$$\frac{L_{u1}}{L_u} = \frac{L_{u1}}{L_{u2} + L_{u1}} = \frac{\frac{L_{u1}}{L_{u2}}}{1 + \frac{L_{u1}}{L_{2u}}} = \frac{\frac{\eta_1}{\eta_2} \cdot \frac{H_1}{H_2}}{1 + \frac{\eta_1}{\eta_2} \cdot \frac{H_1}{H_2}}. \tag{12b}$$

Im allgemeinen wird das von der Regelstufe zu verarbeitende Wärmegefälle etwa 5 bis 15 kcal/kg betragen, also ein Druckverhältnis $\frac{p_1}{p_0}$ von etwa 0,95 bis 0,8 in Betracht kommen. Größere Gefälle als angegeben werden hauptsächlich bei sehr hohen Eintrittstemperaturen und -drücken gewählt, um einerseits rasch niedrigere Temperaturen zu erreichen, andererseits keine zu hohen Stopfbüchsendrücke zu erhalten.

Bezüglich des Wirkungsgradverhältnisses wird im folgenden angenommen, daß der Vollastwirkungsgrad der Regelstufe etwa 85% des Vollastwirkungsgrades des Drosselteiles beträgt (was im allgemeinen einem Verhältnis von etwa $\frac{u}{c_1} = 0{,}3$ bis 0,4 für die Regelstufe und etwa 0,5 für den Drosselteil entsprechen dürfte); vergleichsweise sollen später aber auch die Verhältnisse bei gleichgutem Wirkungsgrad beider Turbinenteile kurz untersucht werden.

b) Die Diagramme der reduzierten Umfangsleistung beider Turbinenteile und ihre Zusammensetzung zum Gesamtdiagramm.

Der Idealfall der Düsenregelung wäre der, daß jede Dampfmenge bloß durch Querschnittsänderung eingestellt werden könnte. Dies würde stetige Veränderlichkeit der Querschnitte, bzw. eine unendliche Düsenzahl bedingen.

Bei der praktisch tatsächlich ausgeführten Düsenregelung werden nun einzelne Düsengruppen vorgesehen und in der heute gebräuchlichsten Ausführung jede Gruppe von einem gesteuerten Drosselventil mit Dampf versorgt; die Drosselventile werden vom Leistungsregler nacheinander geöffnet, bzw. wieder geschlossen. In jeder Stellung zwischen ganz geschlossenem und ganz geöffnetem Ventil tritt bei der betreffenden Düsengruppe Drosselung ein. Die Verhältnisse der idealen Düsenregelung werden nur dann erreicht, wenn in keiner Düsengruppe Drosselung auftritt, also nur dann, wenn die Ventile teils ganz offen und teils ganz geschlossen sind. In jeder Zwischenstellung muß der Drosselung wegen die erreichbare Leistung bei tatsächlicher Düsenregelung kleiner sein als bei idealer.

Die Zahl und Bemessung der Ventile kann natürlich in weiten Grenzen variieren. Im folgenden sollen drei Düsengruppen vorausgesetzt werden, und zwar eine bemessen für den halben Dampfdurchsatz und zwei für je ein Viertel der Vollastdampfmenge. Bis zur Erreichung der halben Dampfmenge arbeitet die erste Düsengruppe, darüber hinaus bis zur Erreichung von drei Vierteln des normalen Dampfdurchsatzes ($g = 0{,}75$) wird die zweite Düsengruppe zugeschaltet, bei weiterer Steigerung der Dampfmenge bis zur Vollast die dritte Gruppe. Bei dieser Anordnung wird der Halblastpunkt ($l = 0{,}5$) zwischen dem vollen Öffnungsgrad zweier Düsengruppen erreicht und daher bei Ersatz der Dampfverbrauchslinie durch eine durch Voll- und Halblastpunkt gezogene Gerade für die Zwischenwerte nicht zu günstig gerechnet.

Das Diagramm der Umfangsleistung des Drosselteiles (l_{u2}-Diagramm) ist bereits in Abb. 21 dargestellt.

Die Leistung der Regelstufe kann in irgendeinem Arbeitspunkt zusammengesetzt gedacht werden aus dem Leistungsanteil der voll geöffneten Düsengruppen und dem Leistungsanteil der bei der betreffenden Belastung mit Drosselung arbeitenden Düsengruppe. Es ist also

$$l_1 = l_{1\,\text{Dü}} + l_{1\,\text{Dro}}$$

oder

$$l_1 = g_{\text{Dü}} \cdot h_1 \left(\frac{\eta_u'}{\eta_u}\right)_{\text{Dü}} + g_{\text{Dro}} \cdot h_{1\,\text{Dro}} \left(\frac{\eta_u'}{\eta_u}\right)_{\text{Dro}}. \qquad (13)$$

Hierin bezeichnet h_1 (stets > 1) das nicht gedrosselte, $h_{1\,\text{Dro}}$ (das auch < 1 werden kann) das in einer Düsengruppe gedrosselte Gefälle des ersten Rades. Die Wirkungsgradkurve $\frac{\eta_u'}{\eta_u}$ ist in Abb. 18 für einen Mittelwert zwischen $\frac{u}{c_1} = 0{,}3$ und $0{,}4$ dargestellt worden. Die gedrosselte Dampfmenge g_{Dro} ist stets die Differenz der Gesamtdampfmenge g und der durch die voll geöffneten Düsen strömenden $g_{\text{Dü}}$. Bei der früher gewählten Anordnung und Bemessung der Düsengruppen ist die Leistung der Regelstufe bei einem Dampfdurchsatz von $g = 0{,}5$, $0{,}75$ und 1 gleich der

Leistung bei idealer Düsenregelung. Die Leistungswerte für beliebige Größen von g erhält man wie folgt:

Aus dem Drosseldruck-Gefälle-Diagramm des Drosselteiles (Abb. 20) ergibt sich bei bestimmtem $\frac{p_2}{p_1}$ zu jeder Dampfmenge g das Druckverhältnis $\frac{p_1'}{p_1}$. Hiermit erhält man aus dem Enddruck-Gefälle-Diagramm der Regelstufe (Abb. 17) für ein bestimmtes $\frac{p_1}{p_0}$ das Gefälle h_1 für die vollgeöffneten Düsengruppen. Durch Multiplikation von h_1 mit $g = 0{,}75$ bzw. $g = 0{,}5$ und dem von h_1 abhängigen Wirkungsgradverhältnis $\left(\frac{\eta_u'}{\eta_u}\right)_{\text{Dü}}$ (Abb. 18) ergibt sich die Umfangsleistung der mit voller Öffnung arbeitenden Düsengruppen.

Für die mit Drosselung arbeitende Düsengruppe ist zunächst das gedrosselte Gefälle $h_{1\,\text{Dro}} < h_1$ zu bestimmen. Hierzu dient das bei Besprechung der Drosselregelung entworfene Drosseldruck-Gefälle-Diagramm mit eingetragenen g-Linien (Abb. 5).

Die Werte $\frac{p_2}{p_0}$ dieser Abbildung entsprechen dem Verhältnis von Gegendruck zum Anfangsdruck, im vorliegenden Fall der Regelstufe also dem Verhältnis $\frac{p_1'}{p_0}$. Dieses ergibt sich aus dem bereits bekannten Wert $\frac{p_1'}{p_1}$ durch Multiplikation mit dem für die Regelstufe gewählten $\frac{p_1}{p_0}$. Die g-Werte der Abb. 5 stellen für die Regelstufe das Verhältnis der jeweils gedrosselten Dampfmenge zur vollen Dampfmenge der betreffenden Düsengruppe dar. Bei der gewählten Düsengruppenverteilung ist also bis zum halben Dampfdurchsatz $\frac{g_{\text{Dro}}}{0{,}5}$, zwischen halbem und dreiviertel sowie zwischen dreiviertel und vollem Dampfdurchsatz $\frac{g_{\text{Dro}}}{0{,}25}$ als g-Wert für Abb. 5 zu nehmen. Für die so bestimmten Werte von $\frac{p_1'}{p_0}$ und $\frac{g_{\text{Dro}}}{0{,}5}$ bzw. $\frac{g_{\text{Dro}}}{0{,}25}$ ergibt sich aus der erwähnten Abb. 5 das jeweilige $h_{1\text{Dro}}$. Durch Multiplikation von g_{Dro}, $h_{1\,\text{Dro}}$ und dem zugehörigen $\left(\frac{\eta_u'}{\eta_u}\right)_{\text{Dro}}$ erhält man $l_{u1\,\text{Dro}}$.

Um nun für die Vollast der gesamten Turbinenleistung den Wert 1 zu erhalten, bzw. um die Teillast in Vollastprozenten der gesamten Turbinenleistung auszudrücken, sind die Leistungsdiagramme der Teilturbinen im Verhältnis ihrer Leistungsanteile bei Vollast zu reduzieren. Es ergibt sich dann für irgendeinen Teillastpunkt:

$$l_u = l_{u\,1\,\text{red}} + l_{u\,2\,\text{red}} = l_{u\,1} \frac{L_{u\,1}}{L_u} + l_{u\,2} \frac{L_{u\,2}}{L_u}. \qquad (14)$$

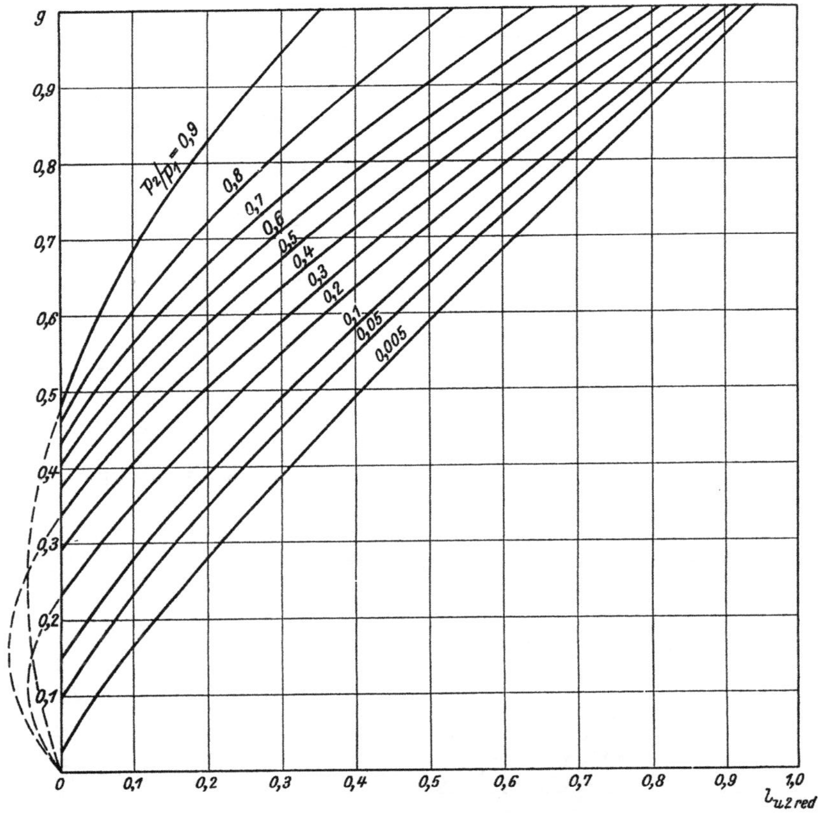

Abb. 22a). Reduzierte Umfangsleistung des Drosselteiles.

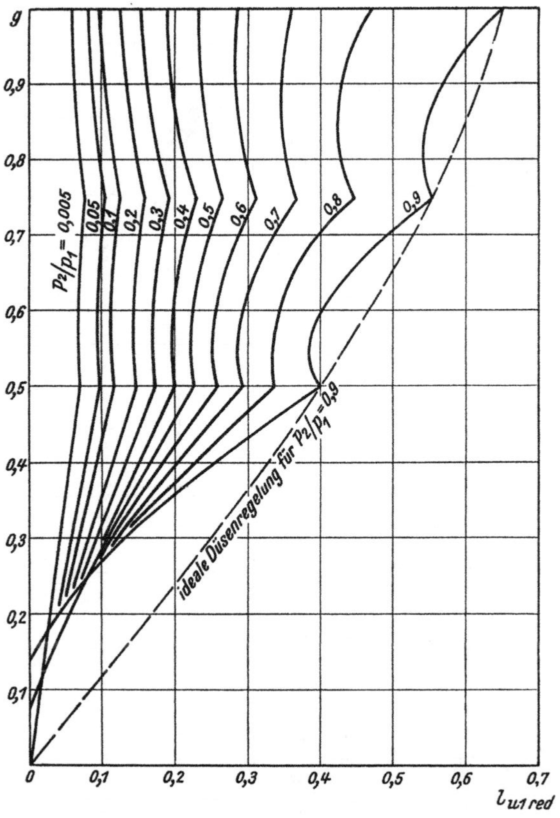

Abb. 22b). Reduzierte Umfangsleistung der Regelstufe.

Dargestellt für ein Verhältnis von $p_1/p_0 = 0,8$.

Wegen der großen Zahl der den Dampfverbrauchsverlauf beeinflussenden Größen soll hier nur für einen bestimmten Fall ein ausführliches Beispiel gebracht und im übrigen bloß die erhaltenen Ergebnisse mitgeteilt werden. Bei diesem Beispiel ist für den Drosselteil ein $\frac{u}{c_1} = 0{,}5$, für die Regelstufe der Mittelwert zwischen $\frac{u}{c_1} = 0{,}3$ und $0{,}4$ vorausgesetzt. Ferner ist für die Regelstufe ein $\frac{p_1}{p_0} = 0{,}8$ und ein $\frac{\eta_1}{\eta_2} = 0{,}85$ gewählt.

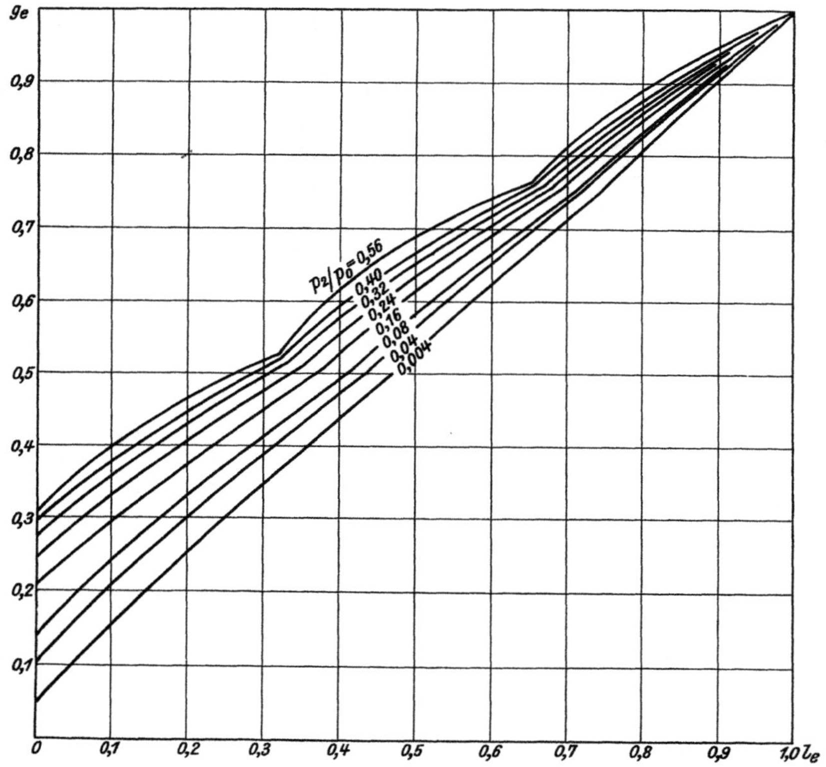

Abb. 23a). Diagramm der Umfangsleistung (für Düsenregelung) bei $\frac{p_1}{p_0} = 0{,}8$.

In Abb. 22a und b sind für den betrachteten Fall die reduzierten Leistungen getrennt für Drosselteil und Regelstufe bei verschiedenen $\frac{p_2}{p_1}$ dargestellt. Man ersieht aus den Diagrammen, daß bei gleichem $\frac{p_1}{p_0}$ die Leistung der Regelstufe desto mehr ins Gewicht fällt, je höher das Druckverhältnis $\frac{p_2}{p_1}$ ist.

Aus den genannten Diagrammen geht aber auch hervor, daß die Regelstufe noch Leistung abgeben kann, wenn der Drosselteil bereits nur mehr seine Leerlaufdampfmenge erhält. Sinkt der Dampfverbrauch noch unter diesen Betrag, so ist der Drosselteil nicht mehr imstande, aus eigenem die Tourenzahl zu halten, er muß von der noch Leistung abgebenden Regelstufe mitgeschleppt und dabei die den Drosselteil durch-

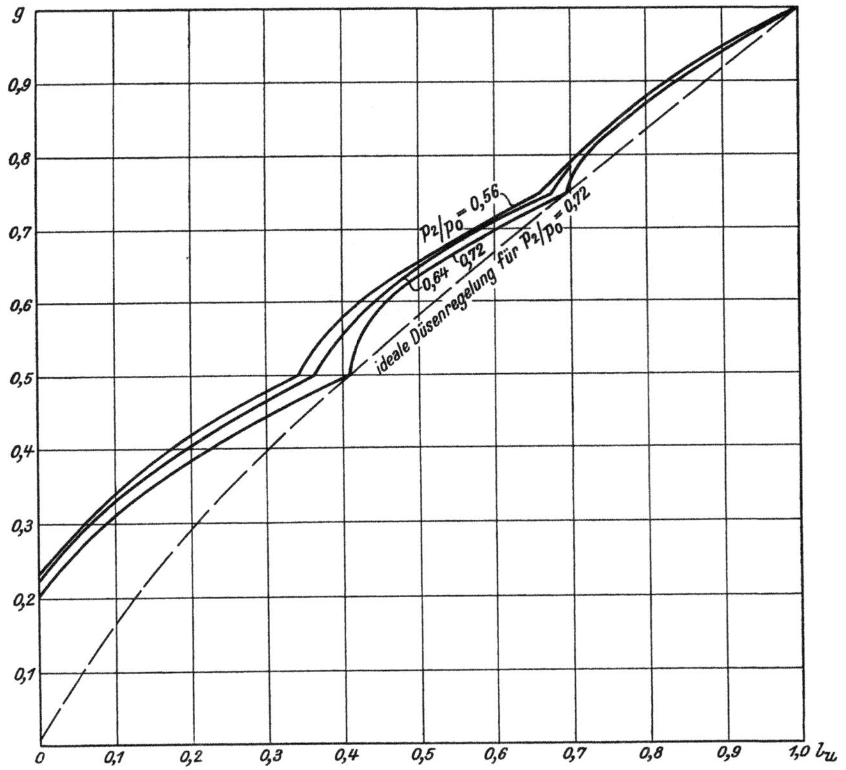

Abb. 23b). Diagramm der Umfangsleistung (für Düsenregelung) bei $\frac{p_1}{p_0} = 0{,}8$.

strömende Dampfmenge in den Laufrädern beschleunigt werden. Es ist also im Drosselteil gleichsam Pumparbeit zu leisten, es wird Arbeit verbraucht, die von der Regelstufe zu decken ist.

Bezüglich dieses Arbeitsverbrauches möge die Annahme getroffen werden, daß unterhalb der Leerlaufmenge die Leistung $g \cdot h$ mit negativem Wirkungsgrad einzusetzen ist. Der Verlauf des negativen Wirkungsgradabfalles kann unter bestimmten Annahmen aus den Geschwindigkeitsdreiecken ermittelt werden. Mit Hilfe desselben sind dann die Kurven der Abb. 21 im negativen Leistungsbereich ergänzt. Man sieht, daß die Pumparbeit zuerst infolge der immer kleiner werdenden Expansions-Dampfgeschwindigkeit zunimmt, daß dann aber der Einfluß der Verkleinerung der Dampfmenge überwiegt und die Pumparbeit wieder abnimmt. Bei $g = 0$ ist auch $-l_u = 0$. Diese negativen Leistungskurven sind dann — entsprechend reduziert — in Abb. 22a übertragen.

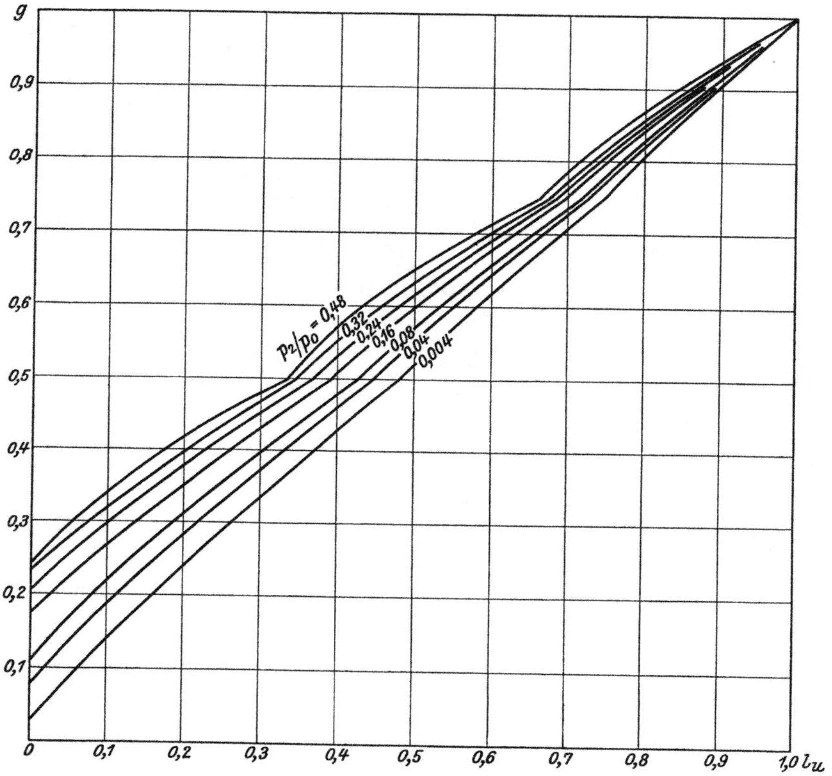

Abb. 24a). Diagramm der effektiven Leistung und effektiven Dampfmenge (für Düsenregelung) bei $\frac{p_1}{p_0} = 0{,}8$

Abb. 23a und b zeigt dann das Gesamtdiagramm der Umfangsleistung für die ganze Turbine, das man durch Summation der bei einer bestimmten Dampfmenge g sich ergebenden Einzelleistungen von Regelstufe und Drosselteil erhält. Das charakteristische Druckverhältnis $\frac{p_2}{p_0}$ ergibt sich durch Multiplikation jedes Wertes von $\frac{p_2}{p_1}$ mit dem gewählten $\frac{p_1}{p_0}$. Es ist also bei dem genannten Beispiel $\frac{p_2}{p_0} = 0{,}8 \cdot \frac{p_2}{p_1}$.

Vergleichsweise ist in Abb. 22 und 23 für einen Fall auch der Verlauf eingetragen, der sich bei idealer Düsenregelung einstellen würde. Während die Verhältnisse des Drosselteiles ungeändert sind, erkennt man bei der Regelstufe deutlich den durch die zeitweise Dampfdrosselung hervorgerufenen Leistungsverlust.

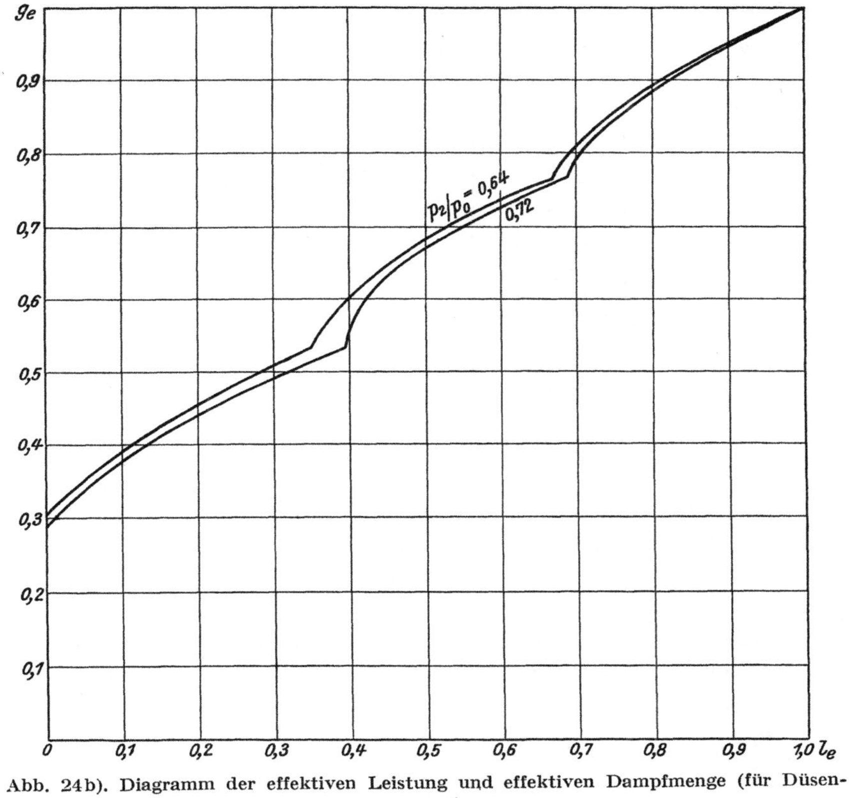

Abb. 24b). Diagramm der effektiven Leistung und effektiven Dampfmenge (für Düsenregelung) bei $\frac{p_1}{p_0} = 0{,}8$.

c) Das Diagramm der effektiven Leistung.

Aus dem Diagramm der Umfangsleistung erhält man (analog wie bei der Drosselregelung) durch Berücksichtigung der mechanischen und Undichtigkeitsverluste das Diagramm der effektiven Leistung und des effektiven Dampfverbrauches (Abb. 24a und b).

Der Dampfverbrauchsverlauf bei Düsenregelung ist, wie aus den Diagrammen zu entnehmen, nicht so gleichmäßig wie bei der Drosselregelung und hängt bei sonst gleichen Verhältnissen sehr von der Wahl des Gefälles der Regelstufe und der Anordnung der Düsenventile ab. Bei hohem $\frac{p_2}{p_0}$ sind die Leistungspunkte, in denen keine Drosselung herrscht, stark vorspringend, während sich dies bei niedrigerem $\frac{p_2}{p_0}$ immer mehr verliert. Bemerkenswert ist, daß die Teillastzuschläge mit steigendem $\frac{p_2}{p_0}$ zunächst so wie bei der Drosselregelung ansteigen, dann aber nach Erreichung eines Maximums (im gewählten Beispiel etwa $\frac{p_2}{p_0} = 0{,}6$) bei

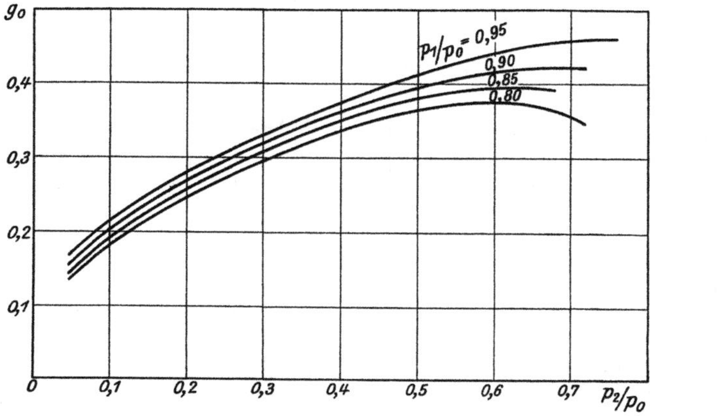

Abb. 25a). „Extrapolierte" Leerlaufzahlen für Gegendruckturbinen bei Düsenregelung mit normalen Regelstufen. $\frac{u}{c_1}$ der Regelstufe 0,3 bis 0,4, $\frac{u}{c_1}$ des Drosselteiles 0,5, $\eta_1 = 0{,}85\ \eta_2$.

noch höherem $\frac{p_2}{p_0}$ wieder geringer werden. Es erklärt sich dies daraus, daß bei gleichbleibendem Gefälle der Regelstufe der Einfluß derselben bei besonders klein werdendem Gesamtgefälle (bzw. bei sehr großen Werten von $\frac{p_2}{p_0}$) stärker ins Gewicht fällt.

Zum Zweck des einfachen Entwurfes von Dampfverbrauchsdiagrammen soll auch hier der Verlauf des Dampfverbrauches durch eine Gerade ersetzt werden, die durch Voll- und Halblastpunkt gezogen wird. Die Abweichungen von dieser Geraden sind um so größer, je höher $\frac{p_2}{p_1}$ und je kleiner $\frac{p_1}{p_0}$ ist. Aber selbst in den ungünstigsten Fällen ist die Abweichung zwischen Voll- und Halblast nicht größer als zirka 3% der Dampfmenge des betreffenden Punktes. Über 5% — die von den Maschinenfabriken gewöhnlich geforderte Toleranz — steigen die Abweichungen erst bei etwa $^1/_3$-Last. Unter diesem Punkt liegende Belastungen können aber nicht mehr als normale länger dauernde Betriebsfälle angesehen werden; aus diesem Grunde sollen auch hier die Dampfverbrauchslinien durch die genannte Gerade ersetzt werden.

d) Die Leerlaufzahl.

Zur Darstellung der den Dampfverbrauchsverlauf ersetzenden Geraden sollen wieder der Vollastpunkt und der zwischen Voll- und Halblast „extrapolierte" Leerlaufpunkt gewählt werden.

Um einen Überblick über den Bereich zu erhalten, in welchem sich diese Leerlaufzahlen bei Düsenregelung im allgemeinen bewegen werden, sind noch die Auswirkungen einiger Bemessungsgrößen auf den Dampf-

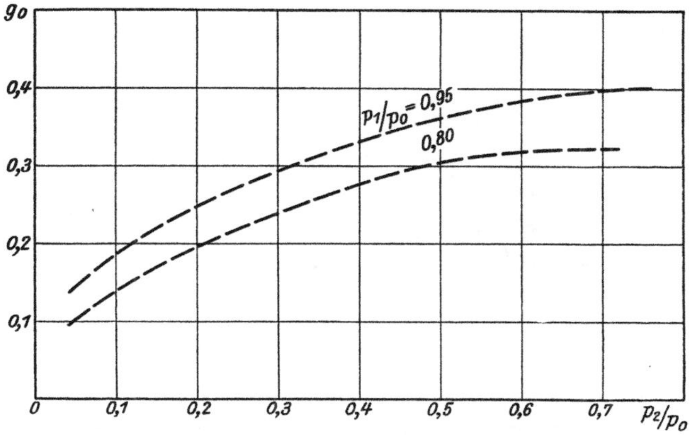

Abb. 25b). „Extrapolierte" Leerlaufzahlen für Gegendruckturbinen bei Düsenregelung mit besonders hochwertigen Regelstufen. $\frac{u}{c_1}$ der Regelstufe 0,5, $\frac{u}{c_1}$ des Drosselteiles 0,5, $\eta_1 = \eta_2$.

verbrauchsverlauf (bzw. auf den extrapolierten Leerlaufpunkt) untersucht worden.

α) **Einfluß des Wertes von $\frac{p_1}{p_0}$.** Zur Feststellung des Einflusses, den das Wärmegefälle der ersten Stufe hat, wurden nach der im Vorhergehenden beschriebenen Weise auch die Gesamtdampfverbrauchsdiagramme für $\frac{p_1}{p_0} = 0{,}85$, $0{,}9$ und $0{,}95$ bei verschiedenen Werten von $\frac{p_2}{p_0}$ entwickelt. Die sich ergebenden extrapolierten Leerlaufzahlen sind in Abb. 25a dargestellt worden. Je höher $\frac{p_1}{p_0}$ liegt, d. h. je geringer das Wärmegefälle der Regelstufe ist, desto höher wird der Leerlaufverbrauch, da die Wirkung der Regelstufe immer geringer wird. Auch die Wiederabnahme der Leerlaufdampfmenge bei höherem $\frac{p_2}{p_0}$ wird bei kleinerem Gefälle der

Regelstufe immer geringer. Die Werte $\frac{p_1}{p_0} = 0{,}95$ bis 0,8 stellen den wohl meist gewählten Bereich von 5 bis 15 kcal/kg für das Wärmegefälle der Regelstufe dar.

β) **Einfluß des Wirkungsgrades der Regelstufe.** Bisher wurde vorausgesetzt, daß für die Regelstufe ein $\frac{u}{c_1}$ von 0,3 bis 0,4 gewählt wird und dieselbe mit einem Vollastwirkungsgrad arbeitet, der etwa 0,85 des Vollastwirkungsgrades des (mit $\frac{u}{c_1} = 0{,}5$ angenommenen) Drosselteiles beträgt.

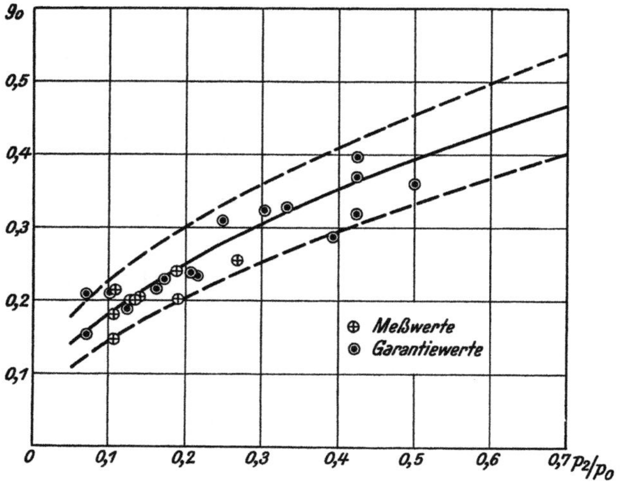

Abb. 26. „Extropolierte" Leerlaufzahlen für Gegendruckturbinen bei Düsenregelung (Mittel- und Extremwerte).

Wählt man auch für die Regelstufe ein $\frac{u}{c_1} = 0{,}5$ und einen Vollastwirkungsgrad gleich dem des Drosselteiles, so ergibt sich bei gleichen Werten von $\frac{p_1}{p_0}$ und $\frac{p_2}{p_0}$ naturgemäß ein größerer Einfluß der Regelstufe. In Abb. 25 b wurden die unter den genannten Voraussetzungen für $\frac{p_1}{p_0} = 0{,}8$ und 0,95 erhaltenen extrapolierten Leerlaufdampfmengen eingetragen, die merklich tiefer liegen als die Werte bei schlechterem Vollastwirkungsgrad der Regelstufe. Sie dürften so ziemlich die unterste mögliche Grenze darstellen.

γ) **Auswahl von Mittelwerten.** Für die Wahl des Gefälles der Regelstufe, des Wirkungsgrades derselben, der Ausführungsart (ein- oder zweikränzig), des Durchmessers und damit des Verhältnisses $\frac{u}{c_1}$ usw. können keine bestimmten Richtlinien aufgestellt werden. Von den Erzeugerfirmen werden nach Möglichkeit vorhandene Turbinenmodelle benützt und die Wahl der Daten der Regelstufe richtet sich dann wohl sehr nach dem vorhandenen Modell und dem verlangten Eintritts-Dampfzustand.

Im allgemeinen kann man jedoch annehmen, daß bei niedrigerem $\frac{p_2}{p_0}$ ein größeres Gefälle für die Regelstufe zugelassen werden kann als bei höherem. Man wird bei mehrstufigen Modellen für sehr große Werte von $\frac{p_2}{p_0}$ womöglich noch unter ein Gefälle von 5 kcal/kg für die Regelstufe gehen, um keinen zu schlechten Gesamtwirkungsgrad bei Vollast zu erhalten. Bei hohem $\frac{p_2}{p_0}$ scheiden also für hochwertigere Modelle die in Abb. 25 dargestellten Werte für niedrigere $\frac{p_1}{p_0}$ von vornherein aus.

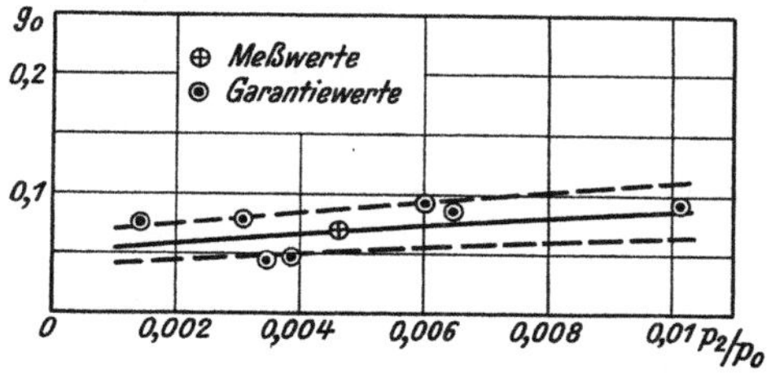

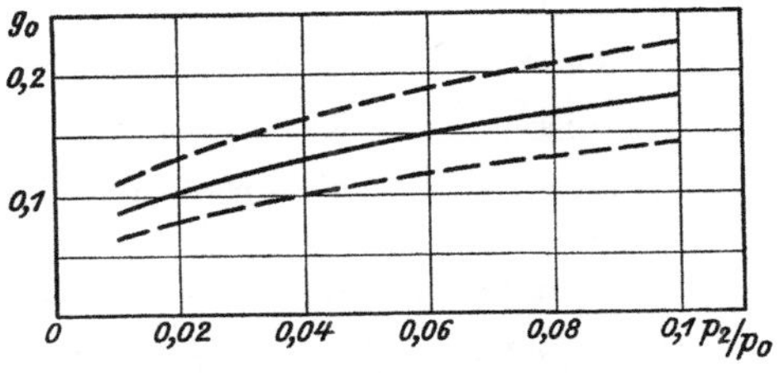

Abb. 27 und Abb. 28. „Extrapolierte" Leerlaufzahlen für Kondensationsturbinen bei Düsenregelung (Mittel- und Extremwerte).

Abb. 27. Normale Kondensationsturbinen. Abb. 28. Abdampfturbinen.

Unter Berücksichtigung des eben Gesagten wurde aus der erhaltenen Kurvenschar eine „Mittellinie" ausgewählt, die sich bei niedrigem $\frac{p_2}{p_0}$ der Linie für $\frac{p_1}{p_0} = 0{,}8$ (bei schlechterem Vollastwirkungsgrad der Regelstufe, Abb. 25 a) anschmiegt, bei hohem $\frac{p_2}{p_0}$ sich aber der Kurve für $\frac{p_1}{p_0} = 0{,}95$ nähert und dieselbe bei $\frac{p_2}{p_0} = 0{,}7$ sogar etwas übersteigt. Diese gewählte Mittellinie der g_0-Werte ist aus Abb. 26 zu ersehen.

Mit den Werten $\frac{p_1}{p_0} = 0{,}8$, $\frac{u}{c_1} = 0{,}3$ bis $0{,}4$ und $\frac{\eta_1}{\eta_2} = 0{,}85$ für die Regelstufe wurden auch für den Bereich der Abdampf- und normalen Kondensationsturbinen die Leerlaufdampfmengen bei Düsenregelung ermittelt. Das Ergebnis ist in Abb. 27 und 28 dargestellt.

δ) **Einfluß der Wahl von $\frac{u}{c_1}$ für den Drosselteil. „Extremwerte" für die Leerlaufzahl.** Der Drosselteil beeinflußt den Dampfverbrauchsverlauf der Turbine hauptsächlich durch das für ihn gewählte Verhältnis $\frac{u}{c_1}$, bzw. durch die Qualitätsziffer.

Bisher wurde stets für den Drosselteil ein $\frac{u}{c_1} = 0,5$ zugrunde gelegt. So wie bei der Drosselregelung sind nun auch hier für einen Wirkungsgradabfall bei $\frac{u}{c_1} = 0,4$ und 0,6 nach Abb. 8 die Dampfverbrauchsdiagramme entwickelt und die sich ergebenden Leerlaufzahlen über und unter dem Mittelwert von $\frac{u}{c_1} = 0,5$ in den Abb. 26, 27 und 28 eingetragen worden. Dabei wurde bei den einzelnen Werten von $\frac{p_2}{p_0}$ immer jenes $\frac{p_1}{p_0}$ für die Regelstufe zugrundegelegt, das dem in Abb. 26 dargestellten Mittelwert entspricht (also bei niedrigerem $\frac{p_2}{p_0}$ ein größeres, bei höherem $\frac{p_2}{p_0}$ ein kleineres Wärmegefälle). Für Abdampf- und Kondensationsturbinen ist wieder mit $\frac{p_1}{p_0} = 0,8$ und den entsprechenden übrigen Werten gerechnet worden.

Aus den Abb. 26 bis 28 ist zu ersehen, daß der Einfluß des Verhältnisses $\frac{u}{c_1}$ im Drosselteil bei hohen Werten von $\frac{p_2}{p_0}$ ziemlich stark ist, während er bei Abdampf- und insbesondere bei reinen Kondensationsturbinen sehr zurückgeht.

Vergleicht man Abb. 26 mit Abb. 25a und b, so ersieht man, daß bei mittlerem $\frac{p_2}{p_0}$ die verschiedenen Werte für die Leerlaufzahlen der Abb. 25 innerhalb der für $\frac{u}{c_1} = 0,4$ und 0,6 (des Drosselteiles) erhaltenen Werte in Abb. 26 fallen. Bei höherem $\frac{p_2}{p_0}$ kommen aber, wie schon erwähnt, nur hohe Werte von $\frac{p_1}{p_0}$ in Frage. Man kann daher die in Abb. 26 dargestellten Kurven in gewisser Hinsicht als „Mittel"- und „Extremwerte" ansehen, innerhalb welcher sich die Leerlaufzahlen bei Düsenregelung im allgemeinen bewegen werden.

D. Vergleich mit Versuchs- und Garantiewerten. Gegenüberstellung der Leerlaufzahlen bei Düsen- und Drosselregelung.

Um wieder die Verwendbarkeit der abgeleiteten Leerlaufzahlen zu überprüfen, sind in Abb. 26 und 28 wie bei der Drosselregelung eine Reihe von aus Meß- und Garantiewerten (durch Extrapolation zwischen Voll- und Halblast) erhaltenen Leerlaufpunkten eingetragen.

Beim Vergleich der Leerlaufzahlen bei Düsen- und Drosselregelung, also beim Vergleich der Abb. 26 bis 28 mit Abb. 12 bis 14 ersieht man, daß die Leerlaufzahlen am meisten im Bereich hoher Werte von $\frac{p_2}{p_0}$ differieren. Dies ist ohne weiteres klar, da im Bereich hoher $\frac{p_2}{p_0}$ die Wirkung der Dampfdrosselung bei Teillast, die bei der Drosselregelung auftritt, am stärksten ist. Bei Düsenregelung wird aber durch die Erhaltung des ganzen bzw. des größten Teiles des Vollastgefälles dieser Drosselverlust zum überwiegenden Teil vermieden. Nach der im vorstehenden gedachten Zerlegung der Turbine in Regelstufe und Drosselteil wurde dies auch in der Weise veranschaulicht, daß die Regelstufe den Drosselteil nach Unterschreitung seiner Leerlaufdampfmenge „mitschleppt".

Bei kleinem $\frac{p_2}{p_0}$, insbesondere bei Kondensationsturbinen ist der Einfluß der Regelstufe nicht mehr groß, die Leerlaufdampfmengen für Düsen- und Drosselregelung unterscheiden sich nur mehr unerheblich.

Es ist aus vorstehendem wohl zu ersehen, daß bei Kondensationsturbinen die Frage der Regelungsart von geringer Bedeutung ist, dagegen ausschlaggebend bei Gegendruckturbinen mit hohem $\frac{p_2}{p_0}$, für welche bei wirtschaftlich arbeitenden Bauarten heute fast nur mehr die Düsenregelung angewendet wird.

II. Die Überlast.

Eine Turbine arbeitet mit „Vollast", wenn ihre normale Schluckfähigkeit erreicht ist. Soll die Turbine über diesen Punkt hinaus belastet werden, so kann dies — bei Drosselregelung stets, bei Düsenregelung dann, wenn die Regelstufe bei Vollast bereits voll beaufschlagt ist — nur in der Weise geschehen, daß die Dampfzufuhr in eine spätere Stufe der Turbine erfolgt. Dies bedingt an der Zuführungsstelle eine Druckerhöhung, wodurch eben der Dampfdurchsatz der nachfolgenden Stufen steigt. Gleichzeitig geht aber infolge dieser Drucksteigerung der Dampfdurchsatz der vorherliegenden Stufen zurück. Es erfolgt also im Turbinenteil nach der Überlaststelle eine Vergrößerung von Dampfmenge und adiabatischem Gefälle, im Teil vor der Überlaststelle eine Verringerung dieser beiden Werte. Außerdem tritt durch die Veränderung des Wärmegefälles eine Verzerrung der für Vollast entworfenen „Geschwindigkeitsdreiecke" ein. Aus diesen Gründen muß der Wirkungsgrad bei Überlast schlechter sein als bei Vollast.

Die Überlastung wird bei Düsenregelung auch in der Form ausgeführt, daß an der Regelstufe eine eigene Überlastdüsengruppe vorhanden ist. Bei Vollast hat dann wohl der „Drosselteil" seine normale Schluckfähigkeit erreicht, die Regelstufe ist aber noch nicht voll beaufschlagt. Bei Überlast öffnet die letzte Düsengruppe der Regelstufe, der Dampfdurchsatz wird vergrößert und der Druck vor dem Drosselteil (d. i. nach der Regelstufe) steigt an. Die Überlastbarkeit ist bei dieser Ausführung abhängig vom Gefälle des ersten Rades und ist bei hochwertigen Ausführungen mit kleinem Wärmegefälle dementsprechend gering. Bei

Dampfeinführung in eine spätere Stufe kann aber je nach Wahl der Einführungsstelle größere oder kleinere Überlast erreicht werden. Im folgenden soll nur diese letztere Ausführungsart kurz betrachtet werden.

Man kann — ähnlich wie bei der Düsenregelung — die überlastete Turbine in zwei Teilturbinen zerlegt denken, welche die Stufen vor bzw. nach der Dampfeinführungsstelle (Überlaststelle) umfassen. Für jeden Teil können die Diagramme für Dampfmenge, Gefälle und Umfangsleistung entwickelt und dann das Gesamtleistungsdiagramm für verschiedene Überlaststellen ermittelt werden.

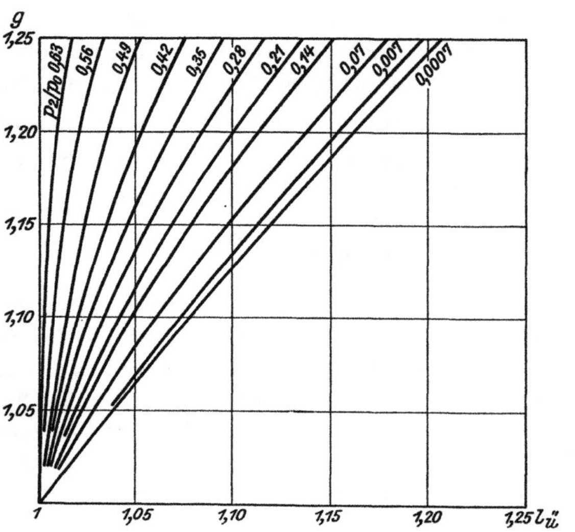

Abb. 29. Diagramm der Umfangsleistung bei Überlast, dargestellt für ein Verhältnis von $\frac{p_1}{p_0} = 0,7$ und $\frac{u}{c_1} = 0,5$.

a) Verlauf der Überlastkurven.

Ein Beispiel für ein solches Gesamtleistungsdiagramm, das aus den entsprechend reduzierten Leistungsdiagrammen der Teilturbinen unter Zugrundelegung des Mittelwertes $\frac{u}{c_1} = 0,5$ erhalten wurde, zeigt Abb. 29. Der Druck an der Dampfeinführungsstelle p_1 (bei Normallast) wurde dabei zu 0,7 des Eintrittsdruckes der ersten Stufe gewählt, also ein Verhältnis $\frac{p_1}{p_0} = 0,7$ zugrunde gelegt. Als Abszisse ist die Umfangsleistung aufgetragen, als Ordinate die Gesamtdampfmenge, welche dem Durchsatz des zweiten Turbinenteiles gleich ist. Die Kurven sind bis zu 25% Dampfmengenüberlast entwickelt, welcher Wert wohl am häufigsten als Überlastdampfmenge gewählt wird.[1] Aus der Abbildung ist zu ersehen, daß der Leistungsgewinn bei Überlast um so größer ist, je niedriger das Verhältnis $\frac{p_2}{p_0}$ liegt; die beste Überlastbarkeit zeigen, wie ja bekannt, die Kondensationsturbinen.

[1] In besonderen Fällen (z. B. bei Betrieben mit langdauernden tiefen Teilbelastungen und kurzzeitigen großen Spitzen) werden auch weit höhere Überlastungen ausgeführt.

b) Einfluß der Wahl der Dampfeinführungsstelle.

Entwickelt man solche Überlastkurven für verschiedene Werte von $\frac{p_1}{p_0}$, so erhält man einen Überblick über den Einfluß, den die Wahl der Dampfeinführungsstelle auf den Kurvenverlauf besitzt. Am über sichtlichsten wird der Vergleich, wenn man die bei einer **bestimmten** Überlastdampfmenge erreichbaren Leistungen in Abhängigkeit von $\frac{p_2}{p_0}$

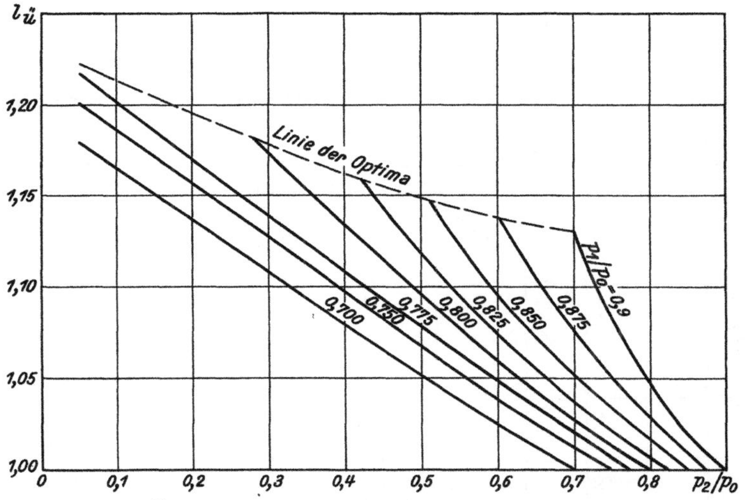

Abb. 30. Erreichbare Überlastungen bei verschiedenen Dampfeinführungsstellen, dargestellt für 25 % Dampfmengenüberlast (g = 1,25) und für $\frac{u}{c_1}$ = 0,5.

für verschiedene $\frac{p_1}{p_0}$ darstellt, wie dies in Abb. 30 für 25% Dampfmengenüberlast ($g = 1{,}25$) geschehen ist.

Die Abschnitte auf der Abszissenachse sind $\frac{p_2}{p_0} = \frac{p_1}{p_0}$, da bei einem Einführungsdruck von $p_1 = p_2$ keine Überlast mehr erzielbar, also $l_u = 1$ ist. Das theoretische Maximum der bei einem bestimmten g möglichen Überlast ergibt sich dann, wenn bei Erreichung der gewählten Überlastdampfmenge der Druck $p_1' = p_0$ wird, also an der Dampfeinführungsstelle der volle Frischdampfdruck erreicht wird. Diese in Abb. 30 dargestellten Punkte werden durch Bestimmung des betreffenden Wertes von $\frac{p_2}{p_0}$, für den die obgenannte Bedingung zutrifft, erhalten. Auf diese Weise ergibt sich die eingetragene „Linie der Optima".

Es sei noch darauf hingewiesen, daß manche Firmen Überlastungen erreichen, die über der Linie der Optima in Abb. 30 liegen. Es ist dies wohl daraus zu erklären, daß die Querschnitte so reichlich bemessen sind, daß bei „Vollast" noch nicht die Schluckfähigkeit erreicht ist, sondern die Turbine eigentlich schon mit etwas Teillast arbeitet. Der tatsächliche Vollastpunkt liegt dann eben zwischen dem angegebenen und dem Überlastpunkt.

c) Einfluß der Wahl von $\frac{u}{c_1}$.

Andere Werte von $\frac{u}{c_1}$ als der zugrunde gelegte von 0,5 sind für das Verhalten bei Überlast von geringerer Bedeutung, da, wie z. B. aus den Kurven des Umfangswirkungsgrades in Abb. 18 (für $\frac{u}{c_1} = 0{,}3$ bis 0,4) zu ersehen, der rascheren Wirkungsgradabnahme des einen Turbinenteils eine weniger rasche Wirkungsgradverschlechterung des anderen Teiles gegenübersteht.

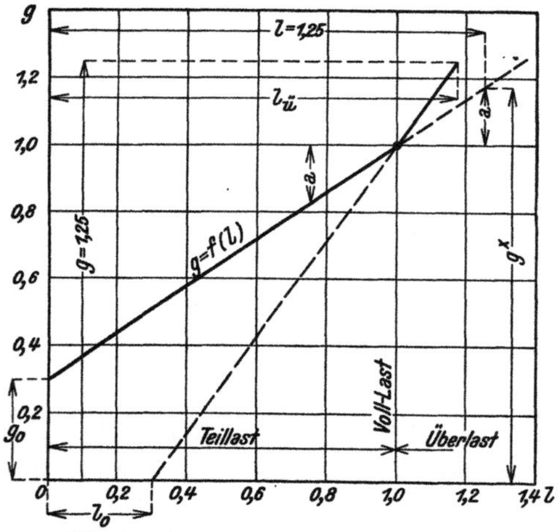

Abb. 31. Beispiel eines Dampfverbrauchsdiagrammes einer Gegendruckturbine.

d) Ersatz der Überlastkurven durch Gerade.

Die in Abb. 29 dargestellten Überlastkurven (ebensowie die für andere Werte von $\frac{p_1}{p_0}$ abgeleiteten, hier nicht wiedergegebenen Kurven) zeigen eine schwache konkave Krümmung nach unten. Zwecks Vereinfachung des Entwurfes soll dieser Verlauf in genügender Annäherung durch eine Gerade ersetzt werden, die durch die Punkte $g = 1$ und $g = 1{,}25$ gelegt wird. Die Abweichungen zwischen diesen Punkten bleiben innerhalb des Spieles von 5%, während über $g = 1{,}25$ die so gezeichnete Gerade ungünstiger als die ermittelte Kurve liegt.

Ein einfaches Verfahren für den Entwurf der Überlastgeraden sei noch an Hand der Abb. 31 und 32 erwähnt.

Abb. 31 stellt ein Beispiel eines Dampfverbrauchsdiagramms einer Gegendruckturbine bei Teil- und Überlast dar.

Verlängert man die Teillast-Dampfverbrauchsgerade über $l = 1$ hinaus, so hat die Ordinate durch $l = 1{,}25$ (mit den Bezeichnungen der Abb. 31) den Wert $g^* = 1 + a$. Da aber $a = \frac{1 - g_0}{4}$ ist, so wird der Wert der erwähnten Ordinate gleich $g^* = 1{,}25 - 0{,}25\, g_0$. Setzt man die in

Abb. 26 dargestellten mittleren g_0-Werte bei Düsenregelung in vorstehenden Ausdruck ein und trägt das erhaltene g^* in Abhängigkeit von $\frac{p_2}{p_0}$ auf, so erhält man die gestrichelt gezeichnete Kurve g^* der Abb. 32. Für $l_ü$ (erreichbare Überlast bei $g = 1{,}25$) gilt die analoge Beziehung $l_ü = 1{,}25 - 0{,}25\, l_0$ (Abb. 31). Die vollgezogene Kurve der Abb. 32 stellt die früher erhaltene Abhängigkeit des Wertes $l_ü$ von $\frac{p_2}{p_0}$ dar, d. h. sie ist identisch mit der „Linie der Optima" aus Abb. 30.

Da die beiden Kurven der Abb. 32 maximal nicht einmal um 1% voneinander abweichen, läßt sich (bei Überlastung mittels Dampfeinführung in eine spätere Stufe) für Überschlagszwecke folgende einfache Art des Entwurfes der Überlastgeraden für das Leistungsoptimum anwenden: Gleichgültig, ob es sich um Drossel- oder Düsenregelung handelt, trägt man bei einem bestimmten $\frac{p_2}{p_0}$ auf der Abszissenachse soviel Leistungsprozente ab, als bei demselben $\frac{p_2}{p_0}$ der Mittelwert der extrapolierten Leerlaufdampfmenge bei Düsenregelung beträgt (d. h. man macht $l_0 = g_{0Dü}$) und zieht durch den so erhaltenen Punkt und den Vollastpunkt vom letzteren eine Gerade bis zur gewünschten Überlastdampfmenge.

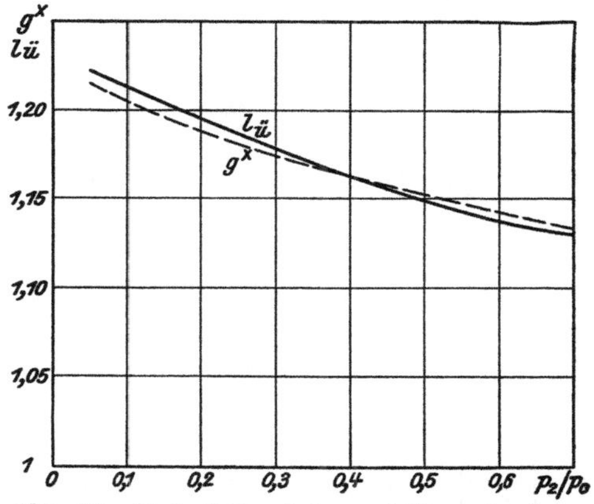

Abb. 32. Verlauf der bei $g = 1{,}25$ maximal erreichbaren Überlast $l_ü$ und der auf $l = 1{,}25$ extrapolierten Dampfmenge g^*.

Bemerkung.

Die Kurve des spezifischen Dampfverbrauches von Gegendruck- und Kondensationsturbinen.

Bei Gegendruck- und insbesondere bei Kondensationsturbinen wird als Dampfverbrauchsdiagramm oft die Linie des spezifischen Verbrauches in Abhängigkeit der Leistung angegeben. Sie wird meist so dargestellt wie in Abb. 33, also mit horizontaler Tangente im Punkt des besten Wirkungsgrades, wobei der Anstieg auf dem Kurvenast der Überlast so wie auf der Teillastseite erst langsam, dann rascher erfolgt. Diese Darstellung des spezifischen Dampfverbrauchsverlaufes widerspricht der gebräuchlichen Darstellung des Gesamtdampfverbrauchsdiagramms mit geradlinigem Verlauf, die auch hier gewählt wurde.

Bei Übergang vom Diagramm des Gesamtverbrauches (Abb. 34) auf das Diagramm des spezifischen Verbrauches (Abb. 35) entstehen aus den geraden Linien Kurven, und zwar Hyperbeln. Wie sich leicht zeigen läßt, ist bei der Teillastkurve die eine Asymptote die Ordinatenachse, die andere eine Parallele zur Abszissenachse im Abstand $1 - g_0$, bei der Überlastgeraden ist die eine Asymptote ebenfalls die Ordinatenachse (jedoch der negative Ast derselben), die andere wieder eine Parallele zur Abszissenachse, und zwar im Abstand $\frac{1}{1 - l_0}$. Diese beiden Hyperbeln schneiden sich im Punkte besten Wirkungsgrades, können also in diesem Punkt keine gemeinsame horizontale Tangente haben. Die Kurve des spezifischen Verbrauches weist im Gegenteil im Vollastpunkt eine ausgesprochene Ecke auf.

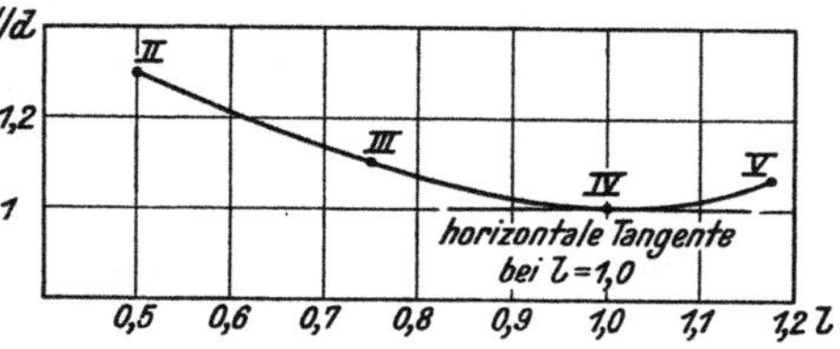

Abb. 33. Übliche Darstellung des spezifischen Dampfverbrauches.

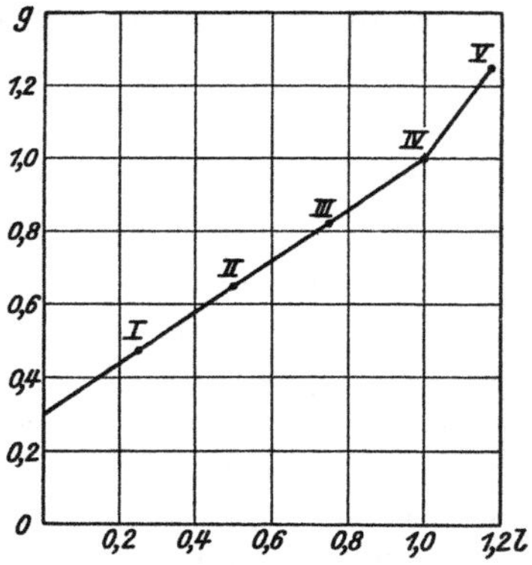

Abb. 34. Diagramm des Gesamtdampfverbrauches für das Beispiel in Abb. 35.

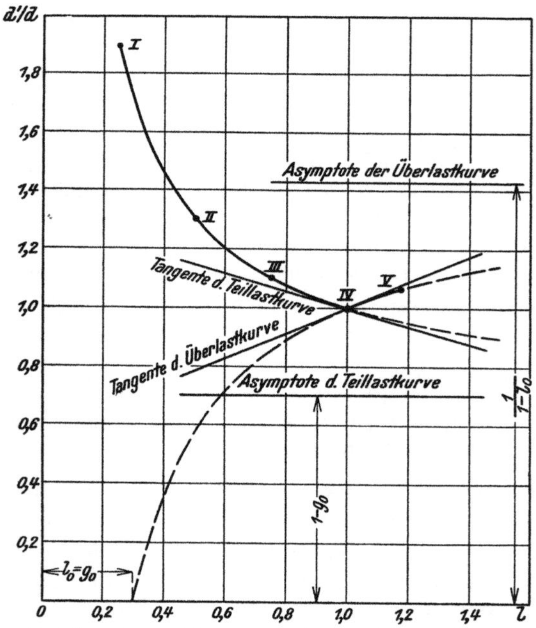

Abb. 35. Genaue Darstellung des spezifischen Dampfverbrauches.

In Abb. 33 bis 35 sind die Verhältnisse für das Beispiel einer Gegendruckturbine mit $g_0 = l_0 = 0{,}3$ dargestellt. Die Richtungskonstanten der Tangenten im Vollastpunkt ergeben sich zu $-0{,}3$ für die Teillastkurve und $+\,0{,}43$ für die

Überlastkurve. Die entsprechenden Tangenten sind in Abb. 35 eingezeichnet.

Nimmt man für die Teillast- und Überlast-Kurve noch den früher abgeleiteten Verlauf mit konkaver Krümmung nach unten an, so wird die Ecke im Vollastpunkt noch etwas ausgeprägter.

In der gleichen Weise läßt sich zeigen, daß bei geradlinigem Gesamtverbrauchsdiagramm auch die Wirkungsgradkurve der Turbine durch den Normallastpunkt nicht stetig verläuft, sondern eine Ecke aufweist.

III. Der Vollastwirkungsgrad.

Bisher wurden alle Größen — auch der Wirkungsgrad — bei Teillast in Prozenten der bezüglichen Vollastwerte ausgedrückt. Sollen für bestimmte Fälle Turbinenverbrauchsdiagramme aus Vollast- und Leerlaufpunkt entworfen werden, so ist dazu die Kenntnis der wirklichen Größe des Vollastwirkungsgrades erforderlich.

Der früher zeitweilig sehr heftige Streit, welche Turbinenbauart den besten Wirkungsgrad (Vollastwirkungsgrad) erreicht, ist ziemlich gegenstandslos geworden, da heute alle namhaften Turbinenfirmen unter gleichen Verhältnissen so ziemlich gleich gute Wirkungsgrade erreichen. Es spielt daher das Fabrikat (ob Gleichdruck-, Überdruck- oder gemischte Bauart) bei sonst gleichen Bedingungen nur eine untergeordnetere Rolle.

Beeinflußt wird die Höhe des thermodynamischen Wirkungsgrades im wesentlichen von der Qualitätsziffer $q = \frac{\sum u^2}{H}$ und vom mittleren Durchsatzvolumen $V_m = G \cdot v_m$. Aus der letztgenannten Abhängigkeit folgt, daß bei gleichem Durchsatzgewicht das mittlere Volumen (und damit auch der Wirkungsgrad) um so höher ist, je niedriger bei bestimmtem Anfangszustand der Gegendruck liegt, bzw. V_m (und η) um so niedriger sind, je höher bei gegebenem Endzustand der Anfangsdruck liegt. Bei gleichem Anfangs- und Endzustand steigt der Wirkungsgrad mit dem Durchsatzgewicht. (Diese Vergleiche gelten natürlich unter Voraussetzung gleicher Qualitätsziffern.)

Nähere Versuche über die Abhängigkeit des Vollastwirkungsgrades vom mittleren Dampfvolumen sind von den Siemens-Schuckert-Werken, Berlin, bekanntgegeben worden. Nach diesen ist der thermo-dynamische Vollastwirkungsgrad abhängig von der sogenannten „Volumsziffer“

$$\xi = \frac{P_0 - P_2}{G \cdot H} \tag{15}$$

(wobei P_0 und P_2 Anfangs- und Enddruck in kg/m², H das adiabatische Gefälle in kcal/kg und G das Dampfgewicht in t/h bedeutet). Der Ausdruck für die Volumsziffer ξ ist dem mittleren Volumen verkehrt proportional und daher der Wirkungsgrad der Turbine um so größer, je kleiner der Ausdruck ξ wird. Die Abhängigkeit des Vollastwirkungsgrades η von der Volumsziffer ξ kann durch die Gleichung $\eta = a\,\mu - b\,\xi$ dargestellt werden, wobei die Konstanten a und b durch Raddurchmesser und Drehzahl bestimmt sind, während die Stufenzahl in der Wiederverdampfungsziffer μ enthalten ist.[1]

Die durch Versuche der SSW erhaltenen Beziehungen $\eta = f(\xi)$ sind nun für verschiedene Werte von q in Abb. 36 dargestellt. Zu bemerken wäre noch, daß die Kurven streng genommen nur für den Sattdampfzustand gelten und sich im Naßdampfgebiet etwas schlechtere, im Heißdampfgebiet etwas bessere Wirkungsgrade ergeben.

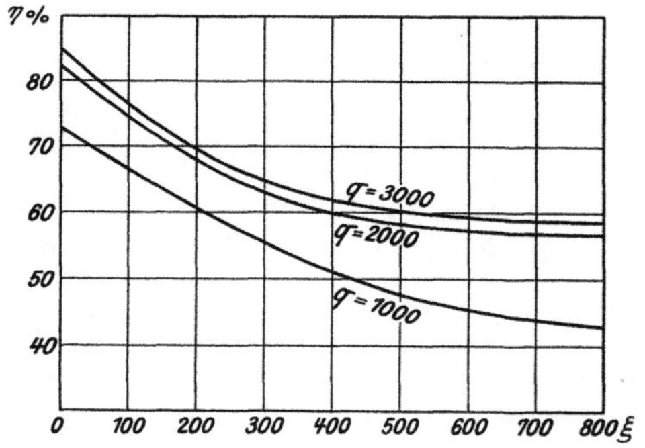

Abb. 36. Vollastwirkungsgrad in Abhängigkeit von der Volumsziffer ξ und der Qualitätsziffer q.

Obwohl die erwähnten Versuche nur an einer bestimmten Bauart vorgenommen wurden, dürften die Ergebnisse aus den eingangs erwähnten Gründen auch auf andere Turbinenbauarten mit für Durchschnittswerte ausreichender Genauigkeit angewendet werden können. Übrigens wurde auch anläßlich einer Besprechung der im Buche „Die Papierfabrikation und deren Maschinen" von Müller aufgenommenen Zusammenstellung bemerkt, daß die von den Siemens-Schuckert-Werken angegebenen Garantiedaten mittlere Werte darstellen und — nach veröffentlichten Abnahmeversuchen zu schließen — den tatsächlich erreichten Werten recht gut entsprechen.[2]

[1] Aufsätze von Dr. Melan im „Archiv für Wärmewirtschaft", 1927, Heft 10, und im „Siemensjahrbuch", 1929.

[2] Dr. Renfordt, Kritik der Dampfverbrauchszahlen und Wirkungsgrade von Dampfturbinen („Wärme", 1931, Heft 9).

Zweiter Abschnitt.

Entwurf und Gebrauch von Turbinenverbrauchsdiagrammen.

I. Entwurf der Verbrauchsdiagramme für die gebräuchlichsten Turbinenarten.

Wie im ersten Abschnitt dargelegt, kann der Dampfverbrauchsverlauf von Gegendruck- und Kondensationsturbinen innerhalb des normalen Arbeitsbereiches mit genügender Genauigkeit durch Gerade ersetzt werden, die durch Voll- und Halblastpunkt gezogen sind. Zur Bestimmung dieser Geraden wurde einerseits der Vollastpunkt, andererseits der „extrapolierte Leerlaufpunkt" gewählt.

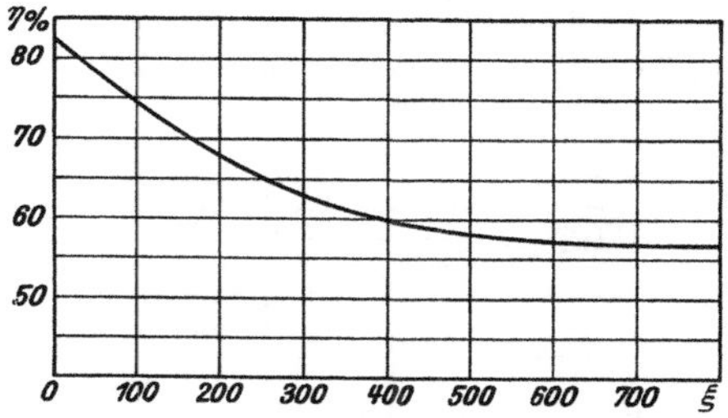

Abb. 37. Vollastwirkungsgrad für $q = 2000$.

Die Diagramme für Einfach- und Zweifachentnahmeturbinen lassen sich durch Zusammensetzung von Gegendruck- und Kondensationsturbinendiagrammen darstellen, wobei diese Zusammensetzung rein geometrisch erfolgen kann. Bezüglich der Bezeichnung der einzelnen Turbinenteile sei gleich an dieser Stelle folgendes festgelegt: Der Turbinenteil, der auf Kondensation arbeitet, möge „Kondensationsteil" (KT) genannt werden. Die auf Gegendruck arbeitenden Teile seien, wenn sie Frischdampf verarbeiten, als „Hochdruckteil" (HT), wenn sie Dampf von einem vorhergehenden Turbinenteil derselben Maschine erhalten, als „Niederdruckteil" (NT) bezeichnet. In Abb. 45, 49, 50 und 55 sind einige Beispiele zu dem Gesagten dargestellt. Dabei ist noch zu bemerken, daß natürlich nicht jedem „Turbinenteil" ein eigenes Gehäuse entsprechen muß, sondern die Darstellung mit getrennten Gehäusen nur aus Gründen der Deutlichkeit gewählt wurde.

Der Übersichtlichkeit halber soll im folgenden für den Entwurf der Verbrauchsdiagramme stets nur mit den im ersten Abschnitt abgeleiteten Mittelwerten von Wirkungsgrad und Leerlaufzahl gerechnet werden. Es kommt ja bei ersten überschlägigen Untersuchungen nicht darauf an, genaue absolute Werte für Wirkungsgrad und Dampfverbrauch (die ohnehin bei den einzelnen Turbinenfabrikaten etwas variieren) zu errechnen, sondern — auf derselben Vergleichsbasis — die relativ günstigste Lösung für die betrachteten Betriebsfälle zu erhalten.

Zur Bestimmung des Vollastwirkungsgrades soll die für den Mittelwert von $q = 2000$ gültige, in Abb. 37 nochmals dargestellte Wirkungsgradkurve benützt werden.[1] Auf Grund derselben sind in Abb. 38 noch Hilfskurven $\eta = f(G \, . \, \eta)$ und $\eta = f(G)$ für verschiedene Werte von $K = \xi \, . \, G = \frac{P_0 - P_2}{H}$ entworfen worden, die in jenen Fällen, in welchen zunächst nur die geforderte Leistung, nicht aber noch die

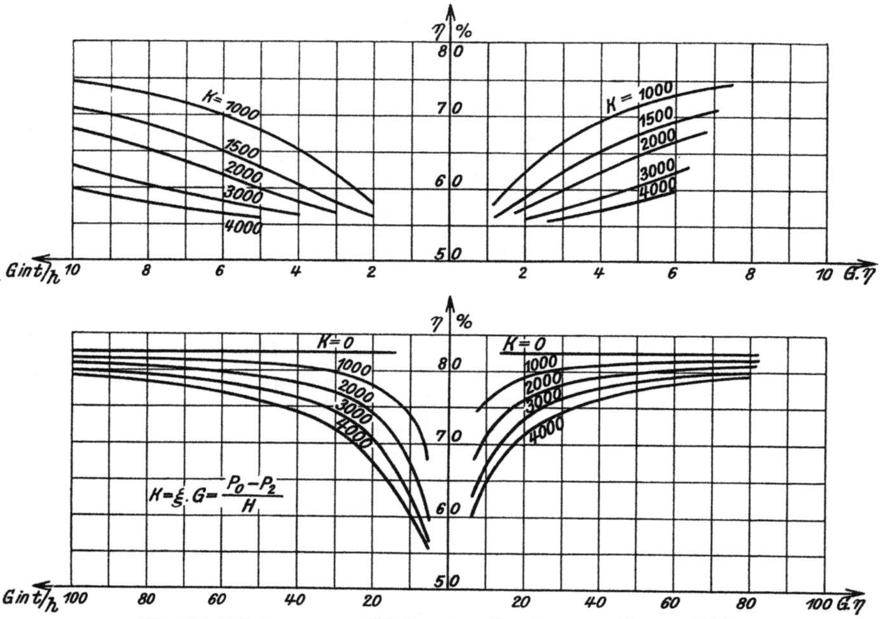

Abb. 38. Hilfskurven zur Wirkungsgradbestimmung für $q = 2000$.

Durchsatzmenge festliegt, eine raschere Bestimmung des Wirkungsgrades ermöglichen. Die Hilfsgröße K ist dem mittleren spezifischen Volumen verkehrt proportional.

Zur Bestimmung der Leerlaufzahl wird (da als Regelung bei Gegendruckturbinen ebenso wie bei Hoch- und Niederdruckteilen von zusammengesetzten Bauarten wegen des wesentlich besseren Teillastverbrauches nur die heute zumeist ausgeführte Düsenregelung vorausgesetzt werden soll) die Mittelkurve der Abb. 26 angewendet; sie ist in Abb. 39 nochmals dargestellt.

Bei Kondensationsturbinen und Kondensationsteilen von zusammengesetzten Bauarten spielt die Regelungsart — wie gezeigt wurde — nur

---

[1] Für den praktischen Gebrauch wird es sich empfehlen, die Abb. 37 bis 40 in vergrößertem Maßstab auf Millimeterpapier herauszuzeichnen.

eine untergeordnetere Rolle. Hier soll im folgenden mit einem Durchschnittswert für den Leerlaufverbrauch von 8% bei reinen Kondensationsturbinen, zirka 10% bei Kondensationsteilen von zusammengesetzten Turbinen und zirka 15% bei Abdampfturbinen gerechnet werden.

Für die Bestimmung des Überlastdampfverbrauches werden die Abschnitte der Überlastgeraden auf der Abszissenachse (l_0 in Abb. 31) gleich den auf Leistung bezogenen Mittelwerten der Leerlaufzahlen der düsengeregelten Turbinen gewählt. Es bilden also die gewählten Mittelwerte der g_0-Kurve in Abb. 39 gleichzeitig die l_0-Werte für die Überlast.

Als Leistung wird die Kupplungsleistung der Turbine in Kilowatt zugrunde gelegt.

Es soll nunmehr für die am häufigsten anzutreffenden Turbinenarten (Gegendruck-, Kondensations- und Entnahmeturbinen mit ein- und zweifacher gesteuerter Anzapfung[1]) der Entwurf der Verbrauchsdiagramme an Hand von Beispielen gezeigt werden. Dabei möge jeweils auch kurz auf Arbeitsweise und Schaltungsmöglichkeit der betreffenden Bauart eingegangen werden.

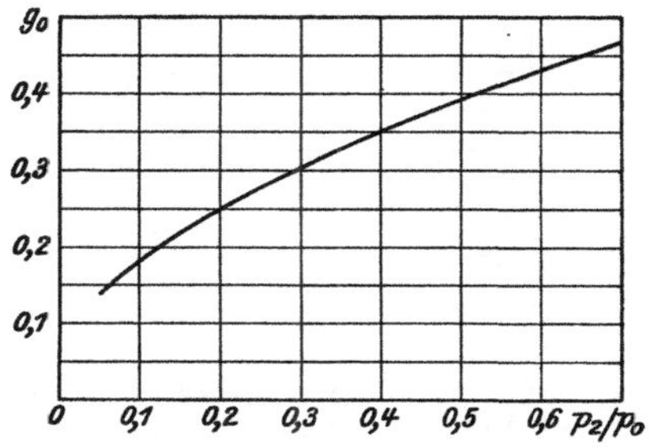

Abb. 39. Mittelwerte extrapolierter Leerlaufzahlen für düsengeregelte Gegendruckturbinen.

1. Kondensations- und Gegendruckturbinen.

Diese Turbinenarten stellen — was die Arbeitsweise betrifft — die einfachste Bauart dar. Der Dampfdurchsatz ist nur von der Leistung abhängig und umgekehrt; das Verbrauchsdiagramm ist mit genügender Annäherung für den normalen Arbeitsbereich eine Gerade.

Der Dampfverbrauch des Vollastpunktes bestimmt sich, auf Kupplungs-kW bezogen, zu

$$G = \frac{860\, L^{\mathrm{kW}}}{\eta \cdot H} \text{ in kg/h oder } G = \frac{0{,}86\, L^{\mathrm{kW}}}{\eta \cdot H} \text{ in t/h} \qquad (16\,\mathrm{a})$$

bzw. zu

$$d = \frac{860}{\eta \cdot H} \text{ in kg/kWh}, \qquad (16\,\mathrm{b})$$

wobei L die Leistung in kW, η den thermodynamischen Wirkungsgrad der Turbine, H das adiabatische Gefälle zwischen Eintrittszustand und Enddruck in kcal/kg bedeutet.

---

[1] Turbinen mit ungesteuerten Anzapfstellen sind verhältnismäßig selten und sollen im Rahmen des vorliegenden Buches nicht behandelt werden.

A. Kondensationsturbinen.

a) Arbeitsweise.

In der Kondensationsturbine wird der zur Leistungserzeugung benötigte Dampf nach Austritt aus dem letzten Laufrad im Kondensator niedergeschlagen. Dadurch geht die ganze im Abdampf noch enthaltene Verdampfungswärme verloren und wird unausgenützt im Kühlwasser abgeführt. Bloß die im Kondensat enthaltene Wärmemenge steht in Form von warmem Kesselspeisewasser noch zur Verfügung.

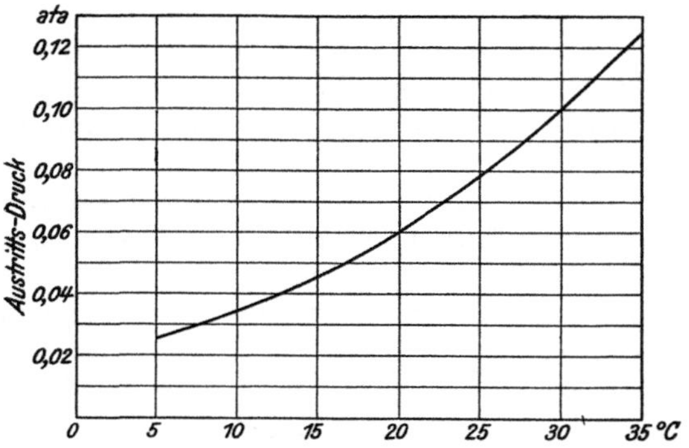

Abb. 40. Druck am Turbinenaustritt in Abhängigkeit von der Kühlwasser-Eintrittstemperatur. (Mittelwerte für 60- bis 70fache Kühlwassermenge.)

Die Regelung erfolgt bei normalen Kondensationsturbinen nach der erforderlichen Leistung in Abhängigkeit der Tourenzahl (Drehzahl-Leistungsregelung) indem ein Tourenregler das Einlaßventil (bzw. die Düsenventile) je nach Leistungsbedarf weiter öffnet oder schließt (Abb. 41).

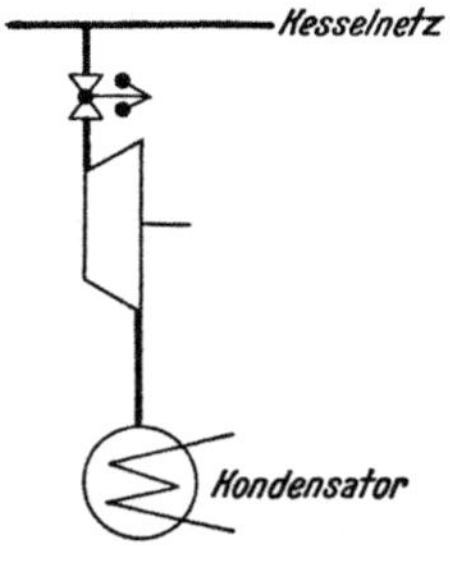

Abb. 41. Schaltbild einer Kondensationsturbine.

b) Verbrauchsdiagramm.

Bei Kondensationsturbinen ist das adiabatische Wärmegefälle H sehr groß, es ergeben sich daher bei nicht zu kleinem Dampfdurchsatz nach Gleichung (15) kleine Werte von ξ und hohe thermodynamische Vollastwirkungsgrade (Abb. 37). Die Leerlaufzahl wird mit 8% angenommen (bei Abdampfturbinen mit zirka 15%), ebenso groß der Wert für l_0 bei Überlast. Da bei Kondensationsturbinen meist nicht das Vakuum, sondern die Kühlwassertemperatur gegeben ist, muß aus dieser der Kondensatordruck, bzw. der entsprechend höher liegende Druck am Turbinenaustritt bestimmt werden. Im allgemeinen nimmt man (60 bis 70fache Kühlwassermenge vorausgesetzt) bei 15° C Kühlwassereintrittstemperatur (Frischwasserkühlung) 0,045 ata Austrittsdruck an, bei Rückkühlung mit 25° C Kühlwassereintrittstemperatur rechnet man mit einem Austrittsdruck von zirka 0,08 ata. Werte für andere Kühlwassertemperaturen können der Abb. 40 entnommen werden.

Beispiel:

Für eine normale Kondensationsturbine von 5400 kW Kupplungsleistung (die etwa 5000 kW an den Generatorklemmen entsprechen würde) sei für einen Eintrittszustand von 20 atü, 350° C und eine Kühlwassertemperatur von 25° C (Rückkühlung) das Dampfverbrauchsdiagramm zu entwerfen.

Der Druck am Turbinenaustritt beträgt entsprechend der Kühlwassertemperatur 0,08 ata, das Wärmegefälle ermittelt sich dann aus dem i-s-Diagramm zu 231 kcal/kg. Aus der (etwas umgeformten) Leistungsgleichung (16a) $G^{t/h} . \eta = 0{,}86 \frac{L^{kW}}{H}$ erhält man das Produkt $G . \eta$ mit $0{,}86 . \frac{5400}{231} = 20{,}1$. Mit dem Wert für die Hilfsgröße $K = \xi . G = \frac{P_0 - P_2}{H} = \frac{209\,200}{231} = 906$ bestimmt sich aus Abb. 38 der Vollastwirkungsgrad $\eta = 0{,}795$ und der Dampfdurchsatz des Vollastpunktes $G = 25{,}3$ t/h. (Der spezifische Dampfverbrauch bei Vollast ist dann 4,69 kg/kWh an der Kupplung.) Die extrapolierte Leerlaufdampfmenge beträgt 8% von 25,3 t/h, also rund 2 t/h.

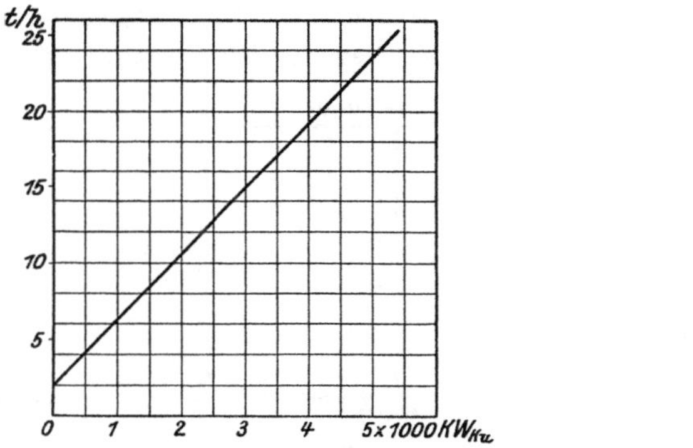

Abb. 42. Verbrauchsdiagramm einer Kondensationsturbine (ohne Überlast).

In Abb. 42 ist das entsprechende Verbrauchsdiagramm dargestellt, aus welchem zu jeder Kupplungsleistung die erforderliche Dampfmenge zu ersehen ist (z. B. beträgt bei 3000 kW der Dampfverbrauch 14,9 t/h, der spezifische Verbrauch bei dieser Kupplungsleistung daher 4,97 kg/kWh).

B. Gegendruckturbinen.

a) Arbeitsweise und Schaltung.

In der Gegendruckturbine wird die zu verarbeitende Dampfmenge vom Eintrittszustand bis auf einen über Atmosphärendruck gelegenen Gegendruck entspannt und nach Verlassen der Turbine in der Regel zu Heiz-, Koch- oder ähnlichen Zwecken verwendet. Die Gegendruckturbine stellt in diesem Falle eine überaus wirtschaftliche Kraftmaschine dar, da zur Leistungserzeugung (neben den geringfügigen Dampfverlusten in der Turbine selbst) nur jene geringe Wärmemenge aufgewendet wird, die der Differenz des Wärmeinhaltes des Dampfes vor und nach der Turbine entspricht.

Die Gegendruckturbine kann entweder auf Leistung oder auf Dampfmenge geregelt sein. Im ersten Fall (Abb. 43a) richtet sich der Dampfdurchsatz nach der gerade benötigten Leistung, unabhängig vom Bedarf der nachgeschalteten Verbraucher. Diese Anordnung wird dann getroffen, wenn der Dampfbedarf im Verbrauchernetz stets größer ist als die Abdampflieferung der Turbine. Sie ist aber auch erforderlich, wenn der Betrieb über keine andere Stromquelle verfügt. Dabei muß bei zu geringer Dampflieferung der Turbine durch ein Reduzierventil direkt Dampf vom Kesselnetz zugesetzt, überschüssiger Dampf im Verbrauchernetz hingegen durch ein Sicherheitsventil abgeblasen werden.

Im zweiten Fall (Abb. 43b) wird das Einlaßventil[1] nicht vom Leistungsregler, sondern von einem Druckregler in Abhängigkeit des Gegendruckes beeinflußt. Steigt der Dampfbedarf im Verbrauchernetz, so sinkt der Gegendruck etwas ab, der Regler spricht an und öffnet das Einlaßventil dem größeren Verbrauch entsprechend mehr, wodurch die Leistung steigt. Bei Sinken des Dampfbedarfes tritt ein Schließen des Einlaßventiles und dadurch Verringerung der Leistung ein. Da es nun auch hier nie vorkommen kann, daß Dampfverbrauch und Leistung genau übereinstimmen, ist für diese Anordnung Voraussetzung, daß eine zweite Kraftmaschine — die auch schon zur Frequenzhaltung bei Wechselstromgeneratoren, bzw. zur Spannungshaltung bei Gleichstrommaschinen erforderlich ist — den Ausgleich zwischen Leistungserzeugung der Turbine und Kraftbedarf des Betriebes übernimmt. Kann es vorkommen, daß die benötigte Gesamtleistung unter die Leistung der Gegendruckturbine sinkt, so erhält diese einen Leistungsgrenzregler, der unter Ausschalten des Gegendruckreglers dann eingreift, wenn der momentane Dampfbedarf im Verbrauchernetz größer ist, als der Leistung entspricht, die gerade benötigt wird. Die dann von der Turbine ins Verbrauchernetz zu wenig gelieferte Dampfmenge muß wieder durch ein Reduzierventil direkt vom Kesselnetz zugesetzt werden (wie in Abb. 43a dargestellt).

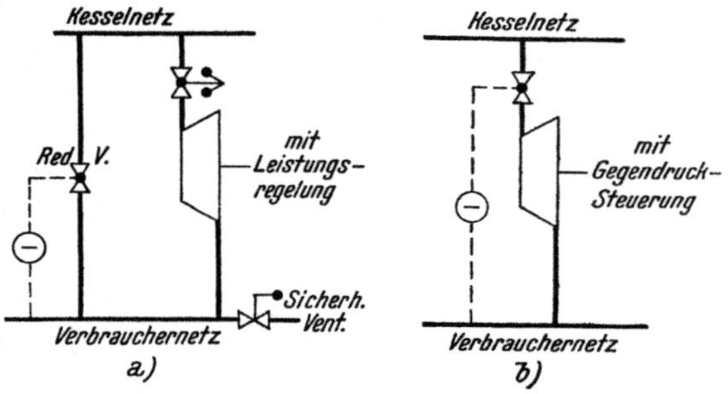

Abb. 43. Schaltbilder von Gegendruckturbinen.

[1] Es wird hier und im folgenden der Kürze und der zeichnerischen Darstellung halber stets der Ausdruck „Einlaßventil" gebraucht, obwohl Düsenregelung mit mehreren, von je einem Drosselventil gesteuerten Düsengruppen vorausgesetzt wurde.

b) Verbrauchsdiagramm.

Allgemeines.

Bei Gegendruckturbinen ist es meist üblich, den Anfangsdruck in atü, den Enddruck in ata anzugeben. Zur Bestimmung des Verhältnisses $\frac{p_2}{p_0}$ ist aber für beide Drücke stets in ata zu rechnen.

Beispiel:

Das Dampfverbrauchsdiagramm einer Gegendruckturbine soll für folgende Verhältnisse entworfen werden: Dampfdurchsatz normal 10 t/h (Vollast), maximale Schluckfähigkeit 12,5 t/h (entsprechend 25% Dampfmengenüberlast), Eintrittsdruck 32 atü bei 400° C Überhitzung, Gegendruck 9 ata.

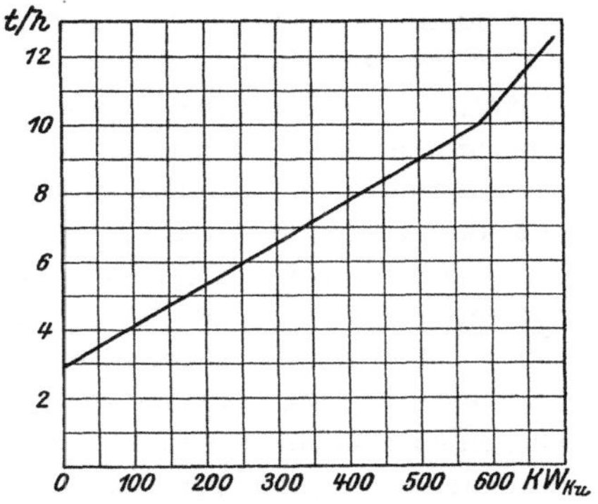

Abb. 44. Verbrauchsdiagramm einer Gegendruckturbine (mit Überlast).

Das Wärmegefälle bestimmt sich aus dem *i-s*-Diagramm zu 80 kcal/kg. Die Volumsziffer ist für den Punkt besten Wirkungsgrades (also 10 t/h Dampfdurchsatz) zu rechnen und ergibt $\xi = \frac{240\,000}{10 \cdot 80} = 300$. Der thermodynamische Vollastwirkungsgrad wird aus Abb. 37 mit 63% entnommen. Der spezifische Dampfverbrauch bei Vollast beträgt dann $\frac{860}{0{,}63 \cdot 80} = 17{,}1$ kg/kWh an der Kupplung. Aus 10 t/h lassen sich also 585 Kupplungs-kW erzeugen. Der extrapolierte Leerlaufverbrauch bestimmt sich aus dem Verhältnis $\frac{p_2}{p_0} = \frac{9}{33} = 0{,}273$ nach Abb. 39 zu 29% der Vollastdampfmenge, also zu 2,9 t/h.

Mit dem so ermittelten Vollast- und Leerlaufpunkt ist die Verbrauchsgerade in Abb. 44 gezeichnet. Die bei 12,5 t/h erreichbare Maximalleistung ergibt sich mit Hilfe der Überlastgeraden. Es wird auf der Abszissenachse der gleiche Prozentsatz der Normalleistung abgetragen (l_0), der auf der Ordinatenachse für die Normaldampfmenge genommen wurde. Durch den so erhaltenen Punkt (170 kW) und den Vollastpunkt wird die Überlastgerade gezogen, die bei 12,5 t/h Dampfdurchsatz eine Kupplungsleistung von 690 kW ergibt. Damit ist für jede Leistung die erforderliche Dampfmenge gegeben.

2. Einfachentnahmeturbinen.

In Entnahmeturbinen wird im normalen Betrieb nicht die ganze in die Turbine eintretende Dampfmenge bis auf den Kondensator- oder Gegendruck entspannt, sondern ein Teil wird einer oder mehreren zwischen Anfangs- und Enddruck liegenden Stufen der Turbine entnommen. Wird nun der Druck einer solchen Stufe durch einen Druckregler automatisch konstant gehalten, so spricht man von gesteuerter Entnahme oder Anzapfung. Die Turbine kann dabei entweder aus mehreren getrennten Gehäusen bestehen oder es wird bei eingehäusiger Ausführung zwischen den Stufen vor der Entnahmestelle (Hochdruckteil) und den nachfolgenden (Niederdruck- bzw. Kondensationsteil) eine Trennwand eingebaut. In jedem Falle wird die Gesamtdampfmenge aus dem vor der Anzapfstelle liegenden Turbinenteil herausgeführt und der im nachfolgenden Turbinenteil weiter verarbeitete Dampf vor Eintritt in denselben durch ein gesteuertes Ventil geleitet, das die Konstanthaltung des Druckes an der Entnahmestelle zu bewirken hat.

Ist nur eine Anzapfstelle vorhanden, so wird die Turbine als Einfachentnahmeturbine bezeichnet. Arbeitet der Teil nach der Entnahmestelle auf Kondensation, so spricht man von einer Entnahmekondensationsturbine, arbeitet er auf Gegendruck, so bezeichnet man eine solche Maschine als Entnahmegegendruckturbine. Bezüglich der Arbeitsweise kann eine derartige Turbine wie zwei selbständige, miteinander gekuppelte Gegendruckturbinen bzw. Gegendruck- und Kondensationsturbine behandelt werden, da ja Anfangs- und Enddruck der Teilturbinen konstant gehalten sind.

A. Entnahmekondensationsturbinen.

a) Arbeitsweise und Regelung.

Im Hochdruckteil wird der Gesamtdampf vom Eintrittszustand bis auf den Entnahmedruck entspannt. Die nicht entnommene Dampfmenge wird über ein Regelventil[1] in den Kondensationsteil geleitet und expandiert dort bis auf Kondensatordruck. Der Dampfverbrauch der Turbine ist hier nicht nur von der Leistung, sondern auch von der gerade benötigten Entnahmemenge abhängig.

Die normale Ausführung der Regelung einer Entnahmekondensationsturbine zeigt (in Schaltsymbolen) Abb. 45. Das Einlaßventil (V_1) wird vom Leistungsregler beeinflußt, das Regelventil vor dem Kondensationsteil (V_2) durch den Druck an der Entnahmestelle. Der Impuls dieses Ventils wird als Überströmimpuls bezeichnet, da er bei steigendem Druck an der Entnahmestelle das Ventil öffnet, bei sinkendem schließt.

[1] Für den Ausdruck „Regelventil“ gilt sinngemäß das in der Fußnote auf Seite 50 gesagte.

Die Regelvorgänge spielen sich wie folgt ab:

Steigt bei gleichbleibender Entnahmemenge die Leistung, so öffnet der Leistungsregler das Einlaßventil V_1 weiter, der Hochdruckteil nimmt eine größere Frischdampfmenge auf. Diese hat eine Drucksteigerung an der Entnahmestelle zur Folge, welche durch den Überströmimpuls das Regelventil V_2 weiter öffnet und auch den Dampfdurchsatz des Kondensationsteiles erhöht, bis die geforderte Leistung erreicht ist. Bei Sinken der Leistung tritt der umgekehrte Vorgang ein; der Leistungsregler schließt das Ventil V_1 und der Überströmimpuls infolge Absinkens des Entnahmedruckes das Regelventil V_2, wodurch der Dampfdurchsatz der Turbine verringert wird.

Steigt bei gleichbleibender Leistung der Verbrauch im Entnahmenetz, so sinkt der Druck an der Anzapfstelle etwas ab und der Überströmimpuls schließt das Regelventil V_2 etwas. Dadurch sinkt die Leistung der Turbine, was ein Ansprechen des Leistungsreglers und ein Öffnen von V_1 verursacht. Dies hat eine Erhöhung des Dampfdurchsatzes des Hochdruckteiles zur Folge und es steht an der Entnahmestelle eine höhere Dampfmenge zur Verfügung. Bei Erreichung des neuen Gleichgewichtszustandes ist in der Leistungserzeugung insofern eine Verschiebung eingetreten, als die Belastung des Hochdruckteiles zugenommen, die des Kondensationsteiles entsprechend abgenommen hat. Das umgekehrte Spiel der Regelung setzt bei Abnahme des Verbrauches im Entnahmenetz ein. Der durch Abstellen eines Verbrauchers ansteigende Druck an der Anzapfstelle bedingt ein weiteres Öffnen von V_2, die dadurch etwas ansteigende Leistung der Turbine ein Schließen des Ventils V_1 und Verringerung der Entnahmemenge bis zum Gleichgewichtszustand. Die Belastung des Hochdruckteiles hat abgenommen, die des Kondensationsteiles zugenommen.

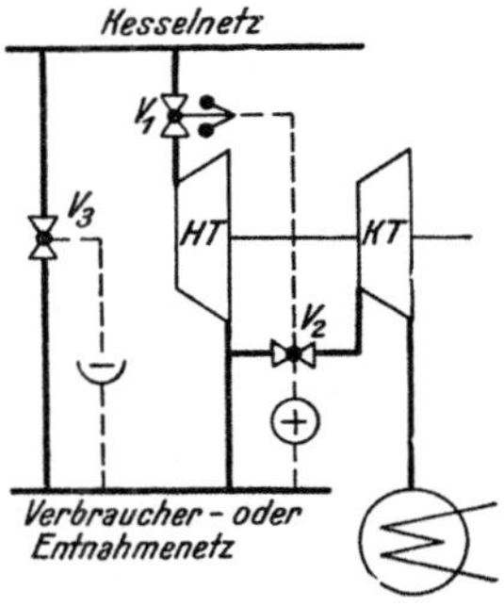

Abb. 45. Schaltbild einer Entnahme-Kondensationsturbine.

Die Ventile V_1 und V_2 sind bei den meisten Ausführungen hydraulisch oder durch Gestänge gekuppelt, so daß eine Änderung des Öffnungsgrades des einen Ventils bereits die entsprechende Änderung der Stellung des anderen durch die erwähnte Übertragung bewirkt, wodurch die Regelvorgänge entsprechend abgekürzt und eventuelle Pendelungen leichter vermieden werden.

b) Verbrauchsdiagramm.

Allgemeines.

Der Entwurf des Gesamtdiagramms erfolgt durch Zusammensetzen der Diagramme der Gegendruckturbine (Anfangsdruck—Entnahmedruck) und der Kondensationsturbine (Entnahmedruck—Kondensatorspannung). Der Anfangsdruck wird meist in atü, der Entnahme- und Gegendruck dagegen in ata angegeben. Je nach der Größe des Hochdruck- und Kondensationsteiles sind verschiedene Auslegungsmöglichkeiten gegeben, die an Hand der folgenden Beispiele besprochen werden sollen.

Beispiele:

Um einen guten Vergleich zwischen den einzelnen Auslegungsmöglichkeiten zu erhalten, sollen für alle Beispiele die gleichen Daten für Dampfzustände und Leistung zugrunde gelegt werden. Es sei das Diagramm einer Entnahmeturbine für eine Kupplungsleistung von 1300 kW, einen Dampfeintrittszustand von 19 atü, 375° C und einen Entnahmedruck von 3 ata, bei 20° C Kühlwassertemperatur zu entwerfen.

Der Austrittsdruck ergibt sich aus Abb. 40 zu 0,06 ata. Aus dem *i-s*-Diagramm erhält man das Wärmegefälle für den Hochdruckteil mit 106 kcal/kg, für den Kondensationsteil mit 138 kcal/kg.[1] Damit bestimmt sich die Hilfsgröße $K = \frac{P_0 - P_2}{H}$ für den Hochdruckteil zu $K_H = 10\,000 \cdot \frac{20 - 3}{106} = 1600$, für den Kondensationsteil zu $K_K = 10\,000 \cdot \frac{3 - 0{,}06}{138} = 213$.

Da sich beim Kondensationsteil Leistung und Dampfdurchsatz nach den Verhältnissen des Hochdruckteiles richten, so wird im folgenden — beim ersten Entwurf des Diagramms — für die Kondensationskrafterzeugung ein mittlerer Wirkungsgrad von 75% angenommen. Für ein Gefälle von 1 kcal/kg ergibt sich dann ein erstgeschätzter spezifischer Verbrauch von $\frac{860}{\eta} = 1150$ kg/kWh. Bei H kcal/kg Gefälle ist daher der spezifische Verbrauch $\frac{1150}{H}$ kg/kWh.

1. Beispiel: Die volle Turbinenleistung muß sowohl im reinen Entnahmebetrieb (also ohne Kraftabgabe des Kondensationsteiles) als auch im reinen Kondensationsbetrieb (also bei 0-Entnahme) abgegeben werden. (Selten vorkommender Fall.)

Hochdruckteil: Das Produkt $G \cdot \eta$ ergibt sich (nach S. 49) zu $G \cdot \eta = 0{,}86 \frac{L}{H} = 0{,}86 \cdot \frac{1300}{106} = 10{,}53$. Mit diesem Wert und dem oben errechneten $K_H = 1600$ erhält man aus Abb. 38 ein $\eta = 0{,}732$ und

---

[1] Dabei ist der Einfachheit halber das Wärmegefälle für *HT* und *KT* auf derselben Adiabate weitergemessen, was für den *KT* ein etwas kleineres als das tatsächliche Gefälle ergibt. Hiedurch trägt man gleichzeitig dem Umstand Rechnung, daß die Wirkungsgrade im Naßdampfgebiet, in dem der *KT* vorwiegend arbeitet, etwas tiefer liegen als die in Abb. 37 dargestellten Mittelwerte (siehe unter „Vollastwirkungsgrad“ Seite 44).

damit $G_H = 14{,}4$ t/h. Dieser Punkt ist in Abb. 46 eingetragen und mit „A“ bezeichnet.

Das Druckverhältnis $\frac{p_2}{p_0}$ ergibt sich für den Hochdruckteil mit $\frac{p_2}{p_0} = \frac{3}{20} = 0{,}15$, womit man aus Abb. 39 eine Leerlaufzahl von $g_0 = 0{,}216$ erhält. Die Leerlaufdampfmenge wird daher mit $G_{H0} = 3{,}14$ t/h eingetragen (Punkt „B“). Damit ist die Dampfverbrauchslinie des Hochdruckteiles ($\overline{BA}$) gegeben.

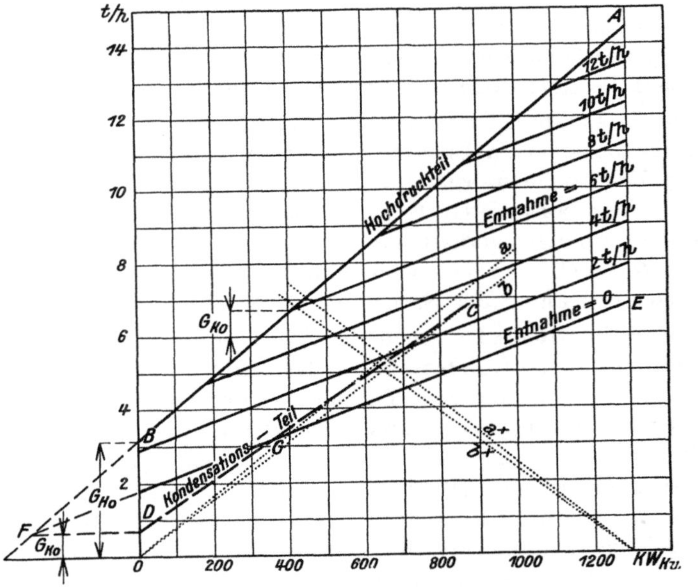

Abb. 46. Verbrauchsdiagramm einer Entnahme-Kondensationsturbine mit voller Leistung von 0-Entnahme bis zum reinen Gegendruckbetrieb.

Kondensationsteil: Für diesen Turbinenteil ergibt sich zunächst entsprechend dem Gefälle von 138 kcal/kg ein spez. Verbrauch von $\frac{1150}{H} = \frac{1150}{138} = 8{,}34$ kg/kWh. Hiermit wird in Abb. 46 jene Leistung des Kondensationsteiles ermittelt, welche die Leistung des Hochdruckteiles bei der Kondensationsdampfmenge auf die Gesamtleistung von 1300 kW ergänzt. Zu diesem Zweck ist in der genannten Abbildung die dem konstanten Verbrauch von 8,34 kg/kWh entsprechende Linie „a“ eingetragen (die durch den Ursprung gehen muß). Wie zu ersehen, erfolgt die Ergänzung der Leistung des Hochdruck- und Kondensationsteiles zur Gesamtleistung von 1300 kW bei einem Dampfdurchsatz von 7,1 t/h. (Man kann diesen Wert in einfacher Weise aus dem Schnittpunkt der um die Halblast- [650 kW-] Ordinate gespiegelten Linie a^* mit der Verbrauchsgeraden des Hochdruckteiles erhalten.) Nun wird für diese Menge der tatsächliche Wirkungsgrad des Kondensationsteiles bestimmt: $\xi = \frac{K}{G} = \frac{213}{7,1} = 30$, $\eta_K = 80\%$. Damit erhält man $d_K = \frac{860}{\eta_K \cdot H_K} = \frac{860}{0,8 \cdot 138} = 7,8$ kg/kWh und kann die diesem Verbrauch entsprechende Linie „b" (bzw. Spiegelbild b^*) im Diagramm eintragen. Die Ergänzung der Teilleistungen auf 1300 kW erfolgt nunmehr bei 6,83 t/h Dampfdurchsatz. (Der Unterschied gegenüber 7,1 t/h ist so gering, daß eine nochmalige Korrektur des Wirkungsgrades nicht mehr erforderlich ist.) Mit 10% Leerlaufsverbrauch erhält man rund $G_{K0} = 0,7$ t/h (Punkt D) und damit die Dampfverbrauchsgerade für den Kondensationsteil zu DC.

Die Zusammensetzung der Diagramme von Hochdruck- und Kondensationsteil zum Entnahmediagramm kann nun rein geometrisch erfolgen. Um bei einem bestimmten Dampfdurchsatz des Hochdruckteiles G_H und einer bestimmten Entnahmemenge E die Gesamtleistung der Turbine zu erhalten, addiert man zur Leistung des Hochdruckteiles die sich bei $G_K = G_H - E$ ergebende Leistung des Kondensationsteiles und erhält so einen Punkt der Entnahmelinie für E t/h Anzapfung.

Am einfachsten erhält man die Linie für 0-Entnahme. Bei vollem Dampfdurchsatz des Kondensationsteiles ergibt sich als Summenleistung, wie früher bestimmt, die volle Turbinenleistung von 1300 kW (Punkt E). Ein zweiter Punkt läßt sich durch Abtragen des Leerlaufverbrauches des Kondensationsteiles G_{K0} auf der verlängerten Verbrauchslinie des Hochdruckteiles erhalten (Punkt F). Dadurch ist die Linie für 0-Entnahme gegeben. Als Kontrolle kann der Schnittpunkt der Linie für 0-Entnahme mit der Verbrauchslinie des Kondensationsteiles (Punkt G) dienen, der bei der Leerlaufmenge des Hochdruckteiles G_{H0} stattfinden muß.

Die übrigen Entnahmelinien ergeben sich in einfacher Weise als Parallele zur 0-Entnahmelinie und werden durch jene Punkte der Geraden des Hochdruckteiles gezogen, welche der Durchsatzmenge $E + G_{K0}$ entsprechen.

Aus dem so erhaltenen Diagramm läßt sich zu jeder Leistung und Entnahmemenge sofort der Gesamtdampfverbrauch der Turbine ablesen.

Die höchstmögliche Entnahmemenge bei der Vollast von 1300 kW beträgt nicht 14,4 t/h (Schluckfähigkeit des Hochdruckteiles), sondern ist um den Leerlaufverbrauch des Kondensationsteiles niedriger, ergibt sich also zu 13,7 t/h.

2. Beispiel: Die volle Turbinenleistung muß bei einer Entnahmemenge von maximal 6 t/h und auch im reinen Kondensationsbetrieb (0-Entnahme) abgegeben werden (Abb. 47).

Hochdruckteil: Es wird zunächst bestimmt, wieviel Gegendruckleistung mit 6 t/h Dampfdurchsatz im Hochdruckteil gewonnen werden könnte. Es ist $\xi = \frac{K_H}{G} = \frac{1600}{6} = 267$ und damit $\eta = 64{,}4\%$. Die Leistung ergibt sich zu $\frac{G\,H\,\eta}{0{,}86} = \frac{6\,.\,106\,.\,0{,}644}{0{,}86} = 476$ kW. Es würden also bei Vollast noch 824 kW mit Kondensationskraft zu erzeugen sein. Für den ersten Entwurf wird nun wieder ein spez. Verbrauch für die Kondensationskrafterzeugung von $\frac{1150}{H}$ kg/kWh angenommen. Da die zu errechnende Kondensationsdampfmenge auch den Hochdruckteil durchströmt, so ist hier das Gesamtgefälle einzusetzen. Der Verbrauch für die Kon-

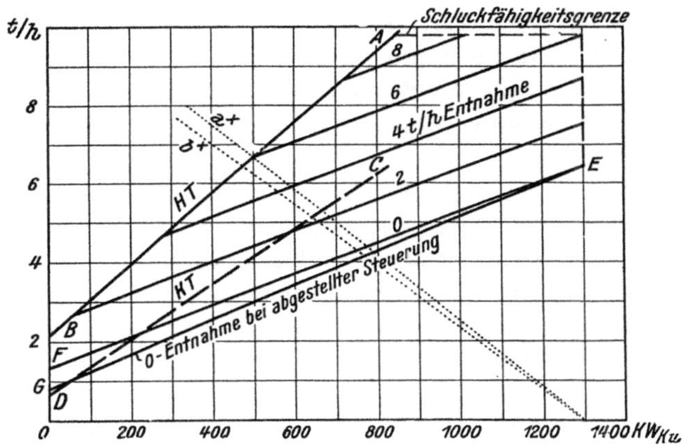

Abb. 47. Verbrauchsdiagramm einer Entnahme-Kondensationsturbine mit voller Leistung von Normal- bis 0-Entnahme.

densationskrafterzeugung ergibt sich damit zu $\frac{1150}{244} = 4{,}72$ kg/kWh. Für 824 kW werden daher 3,88 t/h Kondensationsdampf benötigt. Der Hochdruckteil wird also im ersten Entwurf für eine Durchsatzmenge von $6 + 3{,}88 = 9{,}88$ t/h entworfen. Es ergeben sich folgende Werte $\xi = \frac{1600}{9{,}88} = 162$, $\eta = 0{,}703$ und $L_H = \frac{9{,}88\,.\,106\,.\,0{,}703}{0{,}86} = 856$ kW, ferner bei $g_0 = 0{,}216$ die Leerlaufmenge mit 2,13 t/h. Damit ist die Linie des Hochdruckteiles AB gegeben.

Kondensationsteil: Mit dem früher gefundenen Wert von 8,34 kg/kWh wird die Linie konstanten Wirkungsgrades, und zwar gleich als Spiegelbild a^* gezeichnet. Sie ergibt im Schnittpunkt mit der Hochdruckteilverbrauchslinie eine Kondensationsteilleistung von 800 kW bei einem Dampfdurchsatz von 6,65 t/h. Für diese Dampfmenge wird der Kondensationsteil nochmals durchgerechnet. Es ist: $\xi = \frac{213}{6{,}65} = 32$,

$\eta = 0{,}799$, $d_K = \dfrac{860}{0{,}799\,.\,138} = 7{,}8$ kg/kWh. Die diesem Verbrauch entsprechende Linie b^* ist im Diagramm eingetragen. Sie ergibt für den Kondensationsteil eine Leistung von 825 kW bei einem Dampfdurchsatz von 6,45 t/h, der sich von dem früheren Wert 6,65 t/h nur wenig unterscheidet, so daß eine Korrektur unterbleiben kann. Die Leerlaufmenge beträgt 10%, d. s. rund 0,65 t/h.

Die Entnahmelinien werden wieder wie beim früheren Beispiel erhalten. Die Linie für 6 t/h Entnahme, bei der noch Vollast erreicht werden soll, erfordert bei 1300 kW einen Dampfdurchsatz (Schluckfähigkeit) von 9,8 t/h im Hochdruckteil. Da dieser dem im ersten Entwurf zugrunde gelegten Wert von 9,88 t/h fast gleichkommt, ist eine nochmalige Durchrechnung nicht erforderlich. (Andernfalls müßte man, von dem sich beim Zeichnen der Entnahmelinien ergebenden Dampfdurchsatz des Hochdruckteiles ausgehend, eine nochmalige Durchrechnung vornehmen.)

Durch die Schluckfähigkeit des Hochdruckteiles ergibt sich bei Entnahmemengen über 6 t/h eine Begrenzung der Leistung, bzw. eine Begrenzung der Entnahmemengen durch höheren Leistungsbedarf. Beispielsweise kann bei einer Entnahmemenge von 8 t/h nur mehr eine Leistung von zirka 1010 kW erreicht werden, weil der für Vollbelastung des Kondensationsteiles erforderliche Dampfdurchsatz die (mit 9,8 t/h festgelegte) Schluckfähigkeit des Hochdruckteiles bereits übersteigt. Da man nun wohl eine zu kleine Entnahmemenge durch direkten Dampfzusatz ergänzen kann, die vom Betrieb benötigte Leistung jedoch auf alle Fälle erzeugen will, so nimmt man lieber eine Beschränkung der Entnahmemenge in Kauf.

Die Regelung wird dann so ausgeführt, daß der Leistungsregler (bei Arbeiten der Turbine mit Entnahmemengen über 6 t/h) bei bereits vollgeöffnetem Einlaßventil V_1 und weiterem Steigen der Leistung auf das Regelventil V_2 übergreift und dieses unter Ausschaltung des Überströmimpulses dem Leistungsbedarf entsprechend weiter öffnet. Dadurch sinkt der Druck im Verbrauchernetz und die von der Turbine zu wenig abgegebene Dampfmenge wird durch ein automatisches, mittels Grenzreduzierimpulses gesteuertes Regelventil V_3 direkt vom Kesselnetz ins Verbrauchernetz zugesetzt (Abb. 45). Der genannte Grenzreduzierimpuls wird so eingestellt, daß das Ventil erst öffnet, wenn der Entnahmedruck um ein gewisses Maß (beispielsweise 0,25 atm) gesunken ist, damit die normale Funktion der Entnahmeregelung nicht gestört wird.

3. Beispiel: Die volle Turbinenleistung muß bei einer Entnahmemenge von maximal 6 t/h abgegeben werden. Für den reinen Kondensationsbetrieb genügt eine Leistungsabgabe von 1000 kW_{Ku} (Abb. 48).

Hochdruckteil: Die Verbrauchsgerade des Hochdruckteiles (BA) wird in derselben Weise wie im 2. Beispiel entworfen.

Kondensationsteil: Es wird wieder die dem Verbrauch von 8,34 kg/kWh entsprechende Linie konstanten Wirkungsgrades a^* gezeichnet, und zwar als Spiegelbild um die nunmehrige Halblast von 500 kW (also bei 1000 kW beginnend). Der Schnittpunkt mit der Hochdruckteilverbrauchslinie ergibt eine Dampfmenge von 5,35 t/h, für welche der Kondensationsteil zunächst ausgelegt wird ($\xi = \frac{213}{5,35} = 40$, $\eta = 79,2\%$, $d_K = \frac{860}{0,792 \cdot 138} = 7,87$ kg/kWh für Linie b^*). Mit Linie b^* ergibt sich

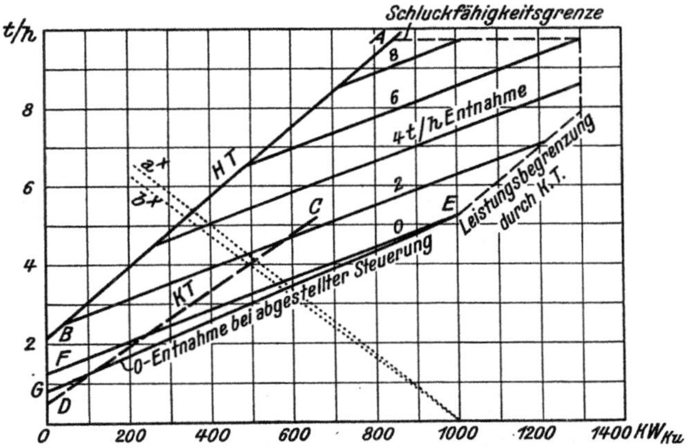

Abb. 48. Verbrauchsdiagramm einer Entnahme-Kondensationsturbine mit verkleinertem Kondensationsteil.

eine Kondensationsteilleistung von 660 kW bei 5,2 t/h, für welche Werte der Kondensationsteil bemessen wird. Mit der Leerlaufmenge von rund 0,5 t/h erhält man die Verbrauchslinie CD.

Die Entnahmelinien ergeben sich in bekannter Weise. Außer der im vorigen Beispiel besprochenen Begrenzung durch die Schluckfähigkeit des Hochdruckteiles tritt hier noch eine Leistungsbegrenzung durch den Kondensationsteil auf. Die entsprechende Grenzlinie ist durch die Parallele zur Hochdruckteilgeraden vom Punkte „E“ aus dargestellt. Die volle Leistung kann in diesem Falle nur bei Entnahmemengen von zirka 3 t/h bis 6 t/h erreicht werden.

B. Entnahmegegendruckturbinen.

a) Arbeitsweise und Regelung.

Die Arbeitsweise der Entnahmegegendruckturbine ist sinngemäß die gleiche wie die der Entnahmekondensationsturbine, nur daß der zweite Turbinenteil statt auf Kondensation auf Gegendruck arbeitet. Der Dampfverbrauch ist — je nach Art der Regelung — entweder von Leistung und Entnahmemenge oder vom Dampfbedarf der beiden Verbrauchernetze abhängig.

Die Schaltung kann entweder so erfolgen, daß die Maschine (wie die Entnahmekondensationsturbine) mit Leistungsregler im Hochdruckteil und druckgeregeltem Ventil vor dem Niederdruckteil arbeitet (Abb. 49), oder in der Weise, daß die Maschine zwei Gegendruckregler erhält, die von je einem der Verbrauchernetze gesteuert werden (Abb. 50).

Die erste Schaltung ist dann am Platze, wenn die vom Betrieb verlangte Leistung stets kleiner ist als die aus dem Fabrikationsdampf er-

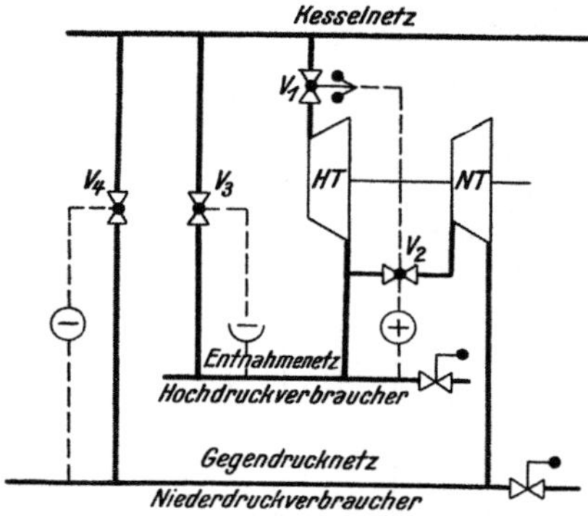

Abb. 49. Schaltbild einer Entnahme-Gegendruckturbine mit Leistungsregler und Entnahmesteuerung.

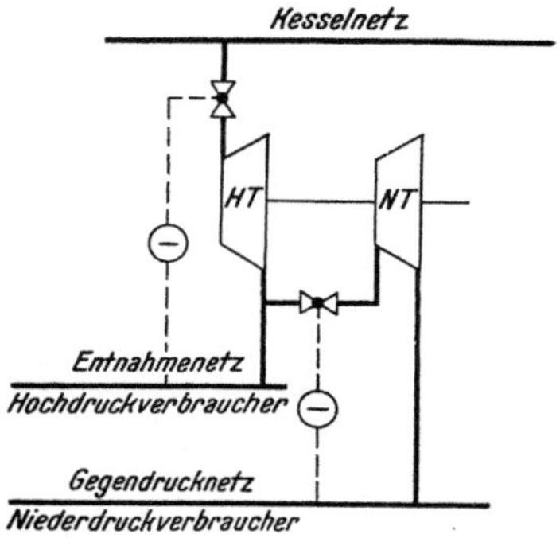

Abb. 50. Schaltbild einer Entnahme-Gegendruckturbine mit zwei Gegendruckreglern.

zeugbare, d. h. stets Dampfüberschuß herrscht. Der die Dampflieferung der Turbine übersteigende Dampfbedarf der Verbrauchernetze wird direkt vom Kesselnetz zugesetzt, welchem Zweck zwei automatisch arbeitende gesteuerte Reduzierventile, und zwar V_3 mit Grenzreduzierimpuls, V_4 mit normalem Reduzierimpuls dienen. Der Grenzreduzierimpuls am Ventil V_3 ist — wie bei der Entnahmekondensationsturbine besprochen — so eingestellt, daß das Ventil erst öffnet, wenn der Entnahmedruck um ein gewisses Maß abgesunken ist. (Beide Verbrauchernetze sind durch Sicherheitsventile vor unzulässigem Druckanstieg geschützt.) Auch die Regelvorgänge erfolgen ähnlich, wie bei der Entnahmekondensationsturbine beschrieben. Bei steigender Leistung und gleichbleibendem Bedarf der Verbrauchernetze öffnet V_1 und in weiterer Folge auch V_2 bis die geforderte Leistung erreicht ist. Der erhöhte Anfall an Gegendruckdampf bringt ein kleines Ansteigen des Gegendruckes und eine Verringerung des Öffnungsgrades von V_4 mit sich. Es fließt also jetzt bei gleichbleibender Gesamtdampflieferung der Kesselanlage eine etwas größere Menge durch die Turbine, während die Umführungsmenge zurückgeht. Bei Sinken der Leistung tritt der umgekehrte Vorgang ein. Ein Ansteigen der Entnahmemenge hat einen geringeren Dampfdurchsatz des Niederdruckteiles, Ansprechen des Leistungsreglers und Öffnen von V_1 zur Folge, bis die größere Entnahmemenge erreicht ist. Eine Verringerung der Entnahmemenge löst das umgekehrte Regelspiel aus. Schwankungen im Bedarf der Niederdruckverbraucher rufen entsprechende Veränderungen des Öffnungsgrades von V_4 hervor.

Der Grenzreduzierimpuls von V_3 kommt nur dann zum Ansprechen, wenn der Bedarf der Hochdruckverbraucher die mögliche Entnahmemenge übersteigt. Dies kann z. B. beim Arbeiten der Turbine an der Schluckfähigkeitsgrenze eintreten, wenn der Leistungsregler durch Einwirkung auf V_2 die Entnahmemenge verringert und daher direkter Kesseldampf ins erste Verbrauchernetz zugesetzt werden muß. Die Ausführung von V_3 mit normalem Reduzierimpuls für den Druck des Entnahmenetzes würde das normale Funktionieren der Entnahmeregelung (Ventil V_2) stören.

Die zweite Schaltung (Abb. 50) wird dann angewendet, wenn der Leistungsbedarf des Betriebes stets größer ist als die aus dem Fabrikationsdampf erzeugbare Leistung. Die Differenz muß in einer anderen parallellaufenden Kraftmaschine (Takthalter) gedeckt werden. Die Ventile vor dem Hochdruck- und Kondensationsteil werden dabei von den Druckreglern beeinflußt, und zwar das Regelventil V_1 vom Entnahmedruck und V_2 vom Gegendruck. Dadurch wird erreicht, daß die in den Verbrauchsnetzen benötigten Dampfmengen stets zuerst in der Turbine zur Leistungserzeugung herangezogen werden. Die Regelung erfolgt wie bei zwei voneinander unabhängigen Gegendruckturbinen, indem ein durch Mehrbedarf an Fabrikationsdampf verursachtes kleines Absinken des Entnahme- bzw. Gegendruckes das Regelventil vor dem Hochdruck- bzw. Niederdruckteil öffnet, ein Dampfüberschuß ein kleines Ansteigen des Verbraucherdruckes des betreffenden Netzes und Schließen des zugehörigen Regelventils verursacht.

b) Verbrauchsdiagramm.

Allgemeines.

Das Gesamtdiagramm ergibt sich wieder durch Zusammensetzen der Diagramme der beiden Einzelgegendruckturbinen (Hoch- und Niederdruckteil). Im folgenden sollen Beispiele für die beiden oben besprochenen Schaltungen gegeben und dabei auch Diagramme für Auslegung mit Überlast entworfen werden.

1. Beispiel: Entnahmegegendruckturbine mit Leistungsregelung (Abb. 51).

In einem Betrieb werden folgende Dampfmengen benötigt:

Hochdruckverbraucher	10 t/h	bei einem Druck von 10 atü
Niederdruckverbraucher	15 t/h	bei einem Druck von 2 atü
Gesamtdampfverbrauch	25 t/h	

Eintrittszustand an der Turbine: 34 atü, 400° C
Kraftverbrauch: 1300 kW an der Turbinenkupplung
Vollast muß bei Null- bis 10 t/h-Entnahme gezogen werden.

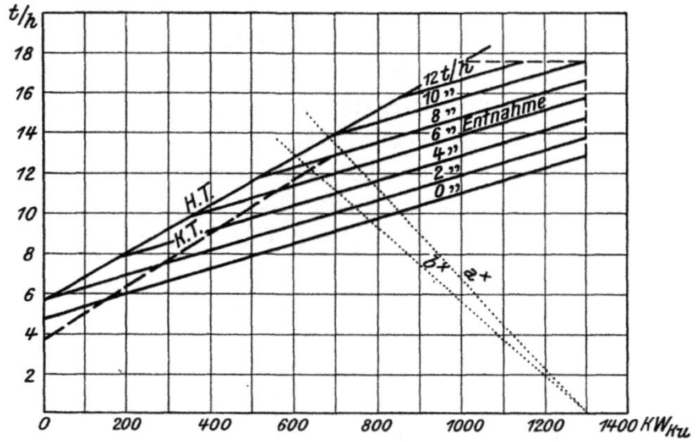

Abb. 51. Verbrauchsdiagramm einer Entnahme-Gegendruckturbine mit voller Leistung von Normal- bis 0-Entnahme.

Aus den angegebenen Dampfzuständen erhält man das Wärmegefälle für den Hochdruckteil mit 72 kcal, für den Niederdruckteil mit 62 kcal/kg.[1]

Hochdruckteil: Der Wert für K ergibt sich zu $\frac{240\,000}{72} = 3340$. Zunächst wird bestimmt, welche Leistung mit dem Dampfbedarf der Hochdruckverbraucher (10 t/h) bei Expansion von 35 ata, 400° C auf 11 ata erzeugt werden könnte. Mit $\xi = \frac{K}{G} = \frac{3340}{10} = 334$ und $\eta = 61{,}7\%$ ergibt sich diese Leistung zu $\frac{10 \cdot 72 \cdot 0{,}617}{0{,}86} = 516$ kW. Es würden also bei Vollast noch 784 kW mit Dampf, der vom Eintrittszustand auf 3 ata expandiert, zu erzeugen sein. Hierfür wird für den ersten Entwurf zunächst der gleiche Wirkungsgrad wie oben, $\eta = 61{,}7\%$, angenommen. Es ergibt sich bei einem Gesamtgefälle von 134 kcal/kg ein spezifischer Verbrauch von $d = \frac{860}{0{,}617 \cdot 134} = 10{,}4$ kg/kWh und eine Dampfmenge von 8,15 t/h.

[1] Auch hier ist der Einfachheit halber das Wärmegefälle für HT und NT auf der gemeinsamen Adiabate durchgemessen, wodurch für den NT mit etwas größerer Sicherheit gerechnet wird.

Es soll also der Hochdruckteil für einen Gesamtdurchsatz von $10 + 8{,}15 = 18{,}15$ t/h entworfen werden. Mit $\xi = \frac{3340}{18{,}15} = 184$, $\eta = 0{,}69$ ergibt sich die Leistung des Hochdruckteiles $L_H = \frac{18{,}15 \,.\, 72 \,.\, 0{,}69}{0{,}86} = 1050$ kW. Entsprechend $\frac{p_2}{p_0} = \frac{11}{35} = 0{,}314$ wird $g_0 = 0{,}31$ und die Leerlaufdampfmenge 5,63 t/h. Damit ist die Linie des Hochdruckteiles gegeben.

Niederdruckteil: Zunächst wird für den ersten Entwurf der gleiche Wirkungsgrad wie im Hochdruckteil ($\eta = 0{,}617$) angenommen, womit sich ein spezifischer Verbrauch von $d = \frac{860}{62 \,.\, 0{,}617} = 22{,}5$ kg/kWh ergibt. Mit diesem Verbrauch wird durch den verlangten Vollastpunkt von 1300 kW (auf der Abszissenachse) die Linie a^* gezogen, die die Linie des Hochdruckteiles bei 13,8 t/h schneidet. Für diese Dampfmenge wird der Niederdruckteil nachgerechnet. ($K = \frac{80\,000}{62} = 1290$, $\xi = \frac{1290}{13{,}8} = 93{,}5$, $\eta = 75\%$, $d = \frac{860}{0{,}75 \,.\, 62} = 18{,}5$ kg/kWh). Die dem Verbrauch von 18,5 kg/kWh entsprechende Linie b^* ergibt die erforderliche Schluckfähigkeit des Niederdruckteiles mit 12,9 t/h und die zugehörige Leistung mit 690 kW. Auf eine nochmalige Korrektur kann wegen des geringen Unterschiedes der Dampfmengen (12,9 gegen 13,8 t/h) und daher auch des Wirkungsgrades verzichtet werden.

Die Entnahmelinien ergeben sich in bekannter Weise. Bei der höchsten für die Vollast von 1300 kW geforderten Entnahmemenge von 10 t/h erhält man eine Schluckfähigkeit des Hochdruckteiles von 17,6 t/h (gegenüber 18,15 t/h beim ersten Entwurf).

Der zur Erzeugung der verlangten Leistung erforderliche Dampfdurchsatz des Niederdruckteiles von 12,9 t/h liegt unter dem Bedarf der Niederdruckverbraucher, weshalb die gewählte Leistungsregelung am Platze ist.

Es soll noch die Verteilung der Dampfmengen bei zwei verschiedenen Belastungsfällen betrachtet werden. Beim Vollastpunkt mit 10 t/h Entnahme erhält der Hochdruckteil eine Dampfmenge von 17,6 t/h, ins Entnahmenetz gelangen 10 t/h, ins Gegendrucknetz 7,6 t/h. Es müssen also noch 7,4 t/h durch V_4 direkt vom Kesselnetz zu den Niederdruckverbrauchern zugesetzt werden. Sinkt bei gleichbleibendem Bedarf der Hochdruckverbraucher von 10 t/h und der Niederdruckverbraucher von 15 t/h der Leistungsbedarf auf 800 kW, so beträgt der Dampfdurchsatz der Turbine 14,5 t/h, von welcher Menge 10 t/h ins Entnahmenetz und 4,5 t/h ins Gegendrucknetz gelangen; direkt zugesetzt werden durch V_4 10,5 t/h.

2. Beispiel: Entnahmegegendruckturbine mit 2 Gegendruckreglern (Abb. 52).

Es werden folgende Dampfmengen benötigt:

Hochdruckverbraucher	8 t/h	bei einem Druck von 8 atü
Niederdruckverbraucher	12 t/h	bei einem Druck von 2 atü
Gesamtdampfverbrauch	20 t/h.	

Eintrittszustand an der Turbine: 24 atü, 380° C.

Die Turbine ist für die vollen Dampfmengen auszulegen.

Aus den angegebenen Dampfzuständen erhält man das Gefälle des Hochdruckteiles mit 63 kcal, das des Niederdruckteiles mit 53 kcal/kg.

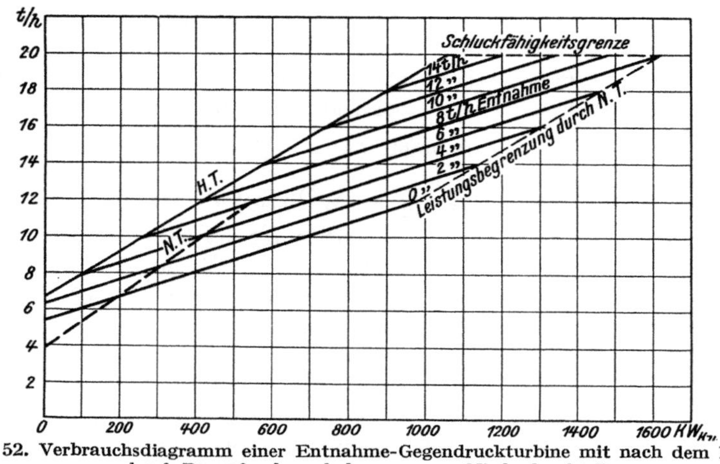

Abb. 52. Verbrauchsdiagramm einer Entnahme-Gegendruckturbine mit nach dem Niederdruck-Dampfverbrauch bemessenem Niederdruckteil.

Hochdruckteil: Dampfdurchsatz $G_H = 20\,\text{t/h}$, $\xi_H = \dfrac{160\,000}{20\,.\,63} = 127$, $\eta_H = 72{,}5\%$, $L_H = \dfrac{20\,.\,63\,.\,0{,}725}{0{,}86} = 1060\,\text{kW}$, $\dfrac{p_2}{p_0} = 0{,}36$, $g_0 = 0{,}334$, $G_0 = 6{,}68\,\text{t/h}$, womit die Linie des Hochdruckteiles gegeben ist.

Niederdruckteil: Dampfdurchsatz $G_N = 12\,\text{t/h}$, $\xi_N = \dfrac{60\,000}{12\,.\,53} = 94{,}4$, $\eta_N = 75\%$, $L_N = \dfrac{12\,.\,53\,.\,0{,}75}{0{,}86} = 555\,\text{kW}$, $\dfrac{p_2}{p_0} = 0{,}333$, $g_0 = 0{,}32$, $G_0 = 3{,}84\,\text{t/h}$.

Die Zusammensetzung zum Gesamtdiagramm geschieht in bekannter Weise. Die maximale Leistung der Turbine von $1060 + 555 = 1615\,\text{kW}$ wird nur in dem Fall erreicht, wenn beide Turbinenteile ihren vollen Dampfdurchsatz erhalten. Bei jeder anderen Dampfverteilung bleibt die Leistung geringer.

Kann der Bedarf der Niederdruckverbraucher zeitweise die Schluckfähigkeit des Niederdruckteiles übersteigen, so muß dem Gegendrucknetz wieder mittels eines durch Grenz-Reduzierimpuls gesteuerten Regelventils direkter Kesseldampf zugesetzt werden. Das gleiche gilt für das Hochdrucknetz, wenn der Verbrauch desselben zusammen mit dem des Niederdruckteiles die Schluckfähigkeit des Hochdruckteiles übersteigt.

3. Beispiel: Diagramm für überlasteten Hochdruckteil (Abb. 53). Dampfmengen und Dampfzustände wie beim 2. Beispiel. Der Hochdruckteil ist jedoch für 16 t/h normalen und 20 t/h maximalen Dampfdurchsatz zu bemessen (25%ige Dampfmengenüberlast).

Hochdruckteil: Entsprechend der kleineren Dampfmenge ergeben sich für den Vollastpunkt folgende Werte: $\xi = \frac{160000}{16\,.\,63} = 158{,}5$,

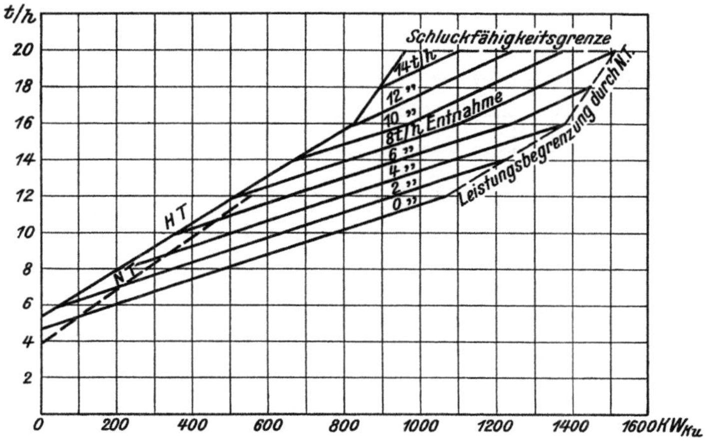

Abb. 53. Verbrauchsdiagramm einer Entnahme-Gegendruckturbine mit Überlastung im Hochdruckteil.

$\eta_H = 70{,}5\%$, $L_H = \frac{16\,.\,63\,.\,0{,}705}{0{,}86} = 826$ kW, $g_0 = 0{,}334$, $G_0 = 5{,}34$ t/h. Mit $l_0 = 0{,}334$ (entsprechend dem Wert g_0) erhält man einen Abszissenabschnitt von 0,334 . 826 = 276 kW, durch welchen die Überlastgerade gezogen wird. Sie ergibt bei 20 t/h eine Leistung von 960 kW, womit der Überlastpunkt bestimmt ist.

Niederdruckteil: Wie beim zweiten Beispiel, $G_N = 12$ t/h, $L_N = 555$ kW, $G_0 = 3{,}84$ t/h.

Bei der Zusammensetzung der Teildiagramme ist zu beachten, daß bei 16 t/h Dampfdurchsatz die Linie der Leistungsbegrenzung durch den Niederdruckteil entsprechend dem parallelen Verlauf zur Linie des Hochdruckteiles einen Knick erhält und daher auch die Entnahmelinien bei diesem Dampfdurchsatz ihre Richtung ändern.

4. Beispiel: Diagramm für überlasteten Hoch- und Niederdruckteil (Abb. 54).

Dampfmengen und Dampfzustände wie beim zweiten Beispiel. Der Hochdruckteil ist für 16 t/h normalen und 20 t/h maximalen Dampfdurchsatz zu bemessen (25%ige Dampfmengenüberlast), der Niederdruckteil für normal 9 t/h und maximal 12 t/h (entsprechend 33,3%iger Dampfmengenüberlast) auszulegen.

Hochdruckteil: Wie beim dritten Beispiel.

Niederdruckteil: Die verhältnismäßig große Dampfmengenüberlast wurde hier deshalb gewählt, um den Einfluß der Überlastung des Niederdruckteiles besser ersichtlich zu machen. Es ergeben sich für

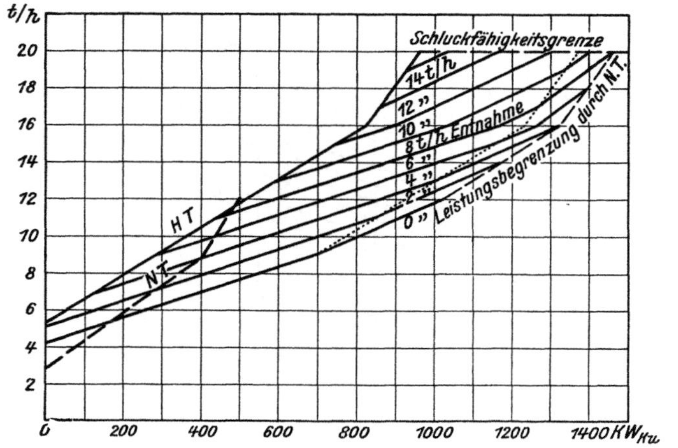

Abb. 54. Verbrauchsdiagramm einer Entnahme-Gegendruckturbine mit Überlastung im Hoch- und Niederdruckteil.

den Vollastpunkt folgende Werte: $\xi = \frac{60000}{9 \,.\, 53} = 126, \quad \eta = 0{,}726,$
$L = \frac{9 \,.\, 53 \,.\, 0{,}726}{0{,}86} = 403 \text{ kW}, \; g_0 = 0{,}32, \; G_0 = 2{,}88 \text{ t/h}.$

Mit $l_0 = 0{,}32$ ergibt sich ein Abszissenabschnitt von $0{,}32 \,.\, 403 = = 129$ kW, durch welchen die Überlastgerade gezogen wird; sie ergibt bei 12 t/h eine Leistung von 495 kW.

Die Zusammensetzung erfolgt zunächst mit vollständigem Hochdruckteildiagramm und der Linie des Niederdruckteiles bis zum Vollastpunkt (9 t/h) so wie beim dritten Beispiel; die Begrenzung durch den Vollastpunkt des Niederdruckteiles ist in der Abbildung als punktierte Linie eingetragen. Die weitere Zusammensetzung mit dem Überlastteil des Niederdruckteiles erfolgt in ähnlicher Weise und ergibt die Leistungsbegrenzung durch den Überlastpunkt des Niederdruckteiles. Die Linien für 6, 8 und 10 t/h Entnahme weisen eine zweimalige Richtungsänderung auf.

Bei allen Diagrammen (Abb. 52, 53 und 54) wird stets die maximale Leistung bei 8 t/h Entnahme und 20 t/h Gesamtdurchsatz erreicht. Beim Vergleich der Abbildungen ersieht man, daß im Gebiet großer Gesamtdampfmengen die Auslegung ohne Überlast (Abb. 52), im Gebiet kleiner Dampfmengen die Auslegung mit Überlastung in beiden Turbinenteilen (Abb. 54) die günstigere ist. Aus diesem Grunde empfiehlt es sich, bei Betrieben mit stark schwankendem Dampfverbrauch verschiedene Auslegungsmöglichkeiten zu untersuchen, um die für einen bestimmten Projektsfall geeignetste Bemessung einer Turbine (insbes. von Gegendruck- und Entnahmeturbinen) zu ermitteln.

C. Allgemeine Bemerkungen zum Entnahmediagramm. Die abgestellte Entnahmesteuerung.

Die Einfachentnahmeturbine wurde möglichst eingehend besprochen, da sie die am meisten vorkommende Sonderart der Dampfturbine darstellt. Sie ist insbesondere in Industrieanlagen, die Heiz- und Kochdampf benötigen, in der Regel die gegebene Kraftmaschine.

Die im vorstehenden entwickelten Entnahmediagramme sind insbesondere im Bereich starker Teilbelastungen nicht ganz genau. Einerseits wurde bei der Zusammensetzung der Diagramme der Verlauf der Hochdruckteillinie auch im Gebiete negativer Leistung geradlinig vorausgesetzt, ferner wurde nicht berücksichtigt, daß sich die Eintrittstemperatur am Niederdruck- bzw. Kondensationsteil mit geringer werdendem Durchsatz des Hochdruckteiles erhöht, wodurch dem folgenden Turbinenteil ein größeres Gefälle zur Verfügung steht. Beide Vernachlässigungen bedeuten jedoch für den Diagrammentwurf nicht nur eine ganz wesentliche Vereinfachung, sondern auch eine entsprechende Sicherheit im Gebiete der Teilbelastungen. Für den Zweck dieses Buches genügt jedenfalls die gewählte einfache und rasche Entwurfsart vollkommen.

Die Linie des Hochdruckteiles stellt nicht die Linie des „reinen Gegendruckbetriebes" oder des „reinen Entnahmebetriebes" dar, da von dem Gesamtdampfdurchsatz die Kühldampf- und Stopfbüchsendampfmenge für den Niederdruck- bzw. Kondensationsteil abgezogen werden muß. Die Angaben über die Größe dieser Menge schwanken sehr, keinesfalls aber ist dieselbe größer als die Leerlaufmenge des betreffenden Turbinenteiles und ist daher dieser gleichgesetzt worden.

Bei Entnahmekondensationsturbinen wäre bezüglich des Arbeitens mit Nullentnahme (also reinem Kondensationsbetrieb) noch darauf hinzuweisen, daß, wenn die Entnahmesteuerung in Funktion ist, an der Entnahmestelle bei Teilbelastung so wie beim Entnahmebetrieb eine Gefällezerreißung auftritt, die den Wirkungsgrad der Turbine unnütz verschlechtert. Eine Konstanthaltung des Anzapfdruckes ist ja bei Nullentnahme nicht erforderlich. Stellt man daher die Entnahmesteuerung ab, so kann sich der Druck an der Anzapfstelle frei einstellen und die Turbine arbeitet wirtschaftlicher. Die betreffende Verbrauchslinie muß demnach unterhalb der bis jetzt dargestellten Linie der Nullentnahme für angestellte Steuerung verlaufen. Der Entwurf derselben sei an Hand der Abb. 47 und 48 kurz besprochen.

Bei Vollbelastung des Kondensationsteiles findet keine Gefällezerreißung statt, Punkt *E* gilt daher sowohl für Kondensationsbetrieb mit angestellter als auch mit abgestellter Entnahmesteuerung. Der Verbrauch im Leerlauf aber muß bei abgestellter Steuerung kleiner sein, als der Strecke *OF* entspricht, andererseits auch nicht größer, als der Leerlaufverbrauch einer normalen Kondensationsturbine mit der Schluckfähigkeit des Hochdruckteiles der vorliegenden Entnahmeturbine. Wählt man einen dementsprechenden Punkt, der 8% der Hochdruckteilschluckfähigkeit entspricht, so erhält man eine Leerlaufdampfmenge von zirka 0,8 t/h, die in Abb. 47 und 48 eingetragen ist (*OG*). Der so ermittelte Leerlaufpunkt *G* liegt zwischen dem Leerlaufverbrauch des Kondensationsteiles (*OD*) und dem der Linie für Nullentnahme mit angestellter Steuerung (*OF*). Die Verbindungslinie *EG* stellt dann ungefähr die Verbrauchslinie für Nullentnahme bei abgestellter Entnahmesteuerung dar.

3. Zweifachentnahme- (Kondensations-) Turbinen.

Die Zweifach-Entnahmeturbine (Turbine mit zwei Anzapfstellen) wird fast ausschließlich als Kondensationsturbine gebaut, da die durch zwei Anzapfungen hervorgerufene dreifache Unterteilung des Gefälles bei Gegendruckturbinen im Teillastbetrieb zu ungünstige Verhältnisse ergeben würde. Es soll daher nur die erstgenannte Art betrachtet werden.

a) Arbeitsweise und Regelung.

Die gebräuchliche Ausführung zeigt Abb. 55. Jede Entnahmestelle erhält eine normale Entnahmeregelung mit Überströmimpuls vom jeweiligen Anzapfdruck. Die vom Heizdampf nicht erzeugbare Leistung wird im Kondensationsbetrieb gedeckt.

Im Hochdruckteil wird der Gesamtdampf vom Eintrittszustand bis auf den Druck des ersten Entnahmenetzes entspannt. Die hier nicht entnommene Dampfmenge wird über das Regelventil V_2 in den Niederdruckteil geleitet und expandiert dort auf den Druck des zweiten Entnahmenetzes. Der auch hier nicht entnommene Restdampf gelangt über das Regelventil V_3 in den Kondensationsteil. Der Dampfverbrauch der Turbine ist hier außer von der Leistung auch von der gerade benötigten Entnahmemenge im Hochdruck- und Niederdrucknetz abhängig.

Die Regelung wirkt ähnlich wie bei der Einfachentnahmeturbine mit Leistungsregler (Abb. 45).

Steigt beispielsweise bei gleichbleibender Leistung durch Abschalten eines Hochdruckverbrauches der Dampfdruck an der ersten Entnahmestelle, so öffnet V_2 und — bei gleichbleibendem Verbrauch im zweiten Entnahmenetz — auch V_3 etwas, wodurch die Leistung der Turbine etwas ansteigt und der Leistungsregler V_1 schließt, bis die erforderliche Verringerung der Entnahmemenge erreicht ist. Bei sinkendem Entnahmedruck an der ersten Anzapfstelle tritt der entgegengesetzte Regelvorgang ein.

Steigt der Druck an der zweiten Anzapfstelle, so öffnet V_3 etwas mehr, der Leistungsregler schließt V_1, der dadurch sinkende Druck im ersten Entnahmenetz schließt V_2, so daß entsprechend weniger Dampf ins zweite Entnahmenetz gelangen kann. Ein Sinken des Druckes an der zweiten Anzapfstelle verursacht den umgekehrten Regelvorgang.

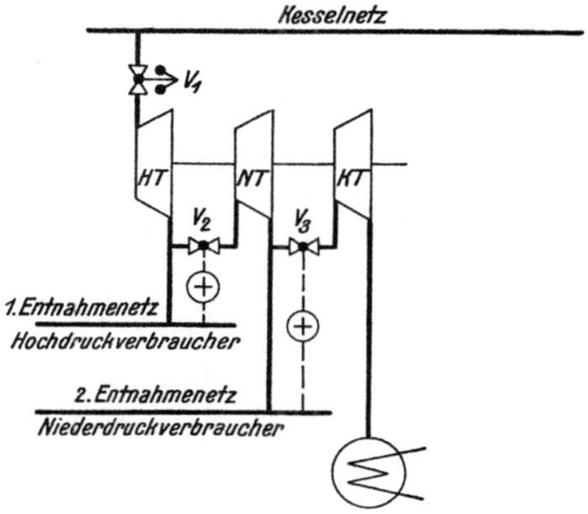

Abb. 55. Schaltbild einer Zweifach-Entnahme-Kondensationsturbine.

Steigt bei gleichbleibenden Entnahmemengen die Leistung, so öffnet der Regler V_1, der durch die Erhöhung der Durchsatzmenge des Hochdruckteiles ansteigende Druck an der ersten Entnahmestelle öffnet V_2, wodurch wieder ein Steigen des Druckes an der zweiten Entnahmestelle und Öffnen von V_3 herbeigeführt wird, bis die verlangte Leistungserhöhung erreicht ist. Bei sinkender Leistung wird der Öffnungsgrad von V_1, V_2 und V_3 entsprechend verringert.

Die genannten drei Ventile sind normalerweise auch hier wieder miteinander entsprechend gekuppelt, um das Spiel der Regelung abzukürzen.

b) Verbrauchsdiagramm.

Allgemeines:

Das Gesamtdiagramm muß hier durch Zusammensetzen von drei Einzeldiagrammen gebildet werden. Es bereitet keine Schwierigkeiten, die Gesamtleistung aus den drei Einzelleistungen zu ermitteln, wenn der Dampfdurchsatz jedes Turbinenteiles bekannt ist. Da es sich aber darum handelt, bei zwei verschiedenen, gegebenen Entnahmemengen und bestimmter Leistung den Gesamtdampfdurchsatz, bzw. die Kondensationsdampfmenge zu ermitteln, so sind die Dampfmengen der einzelnen Turbinenteile von vornherein ja nicht bekannt.

Ist die Entnahmemenge an einer Anzapfstelle konstant, so läßt sich durch Zusammensetzen zweier Turbinenteile die Zweifachentnahmeturbine auf den Fall der Einfachentnahmeturbine zurückführen. Da dies aber in der Regel nicht zutrifft, müßte für jede Entnahmemenge an der einen Anzapfstelle ein besonderes Diagramm mit variablen Entnahmemengen an der anderen Anzapfstelle entworfen werden. Es soll daher im fol-

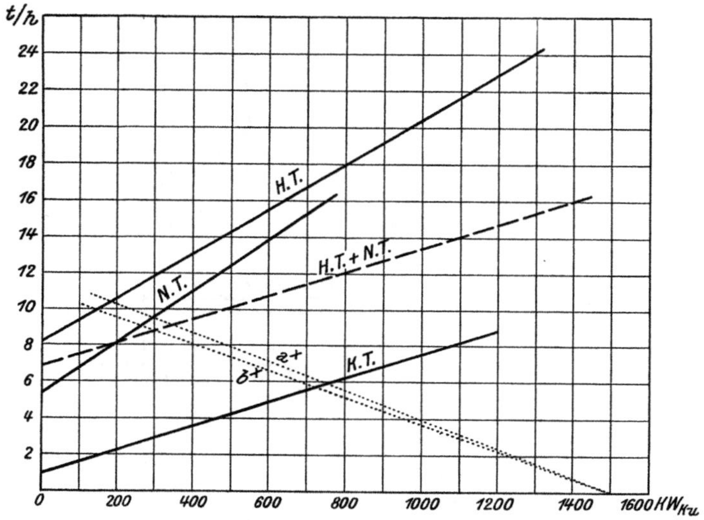

Abb. 56. Verbrauchsdiagramme der einzelnen Turbinenteile einer Zweifach-Entnahme-Kondensationsturbine.

genden ein universelles Diagramm besprochen werden, in welchem sich auch gleichzeitige Änderungen von beiden Entnahmemengen verfolgen lassen.

Beispiel:

Die in einem Betrieb benötigten Fabrikationsdampfmengen sind:

Hochdruckverbraucher	8 t/h bei einem Druck von 8 atü
Niederdruckverbraucher	12 t/h bei einem Druck von 2 atü
Eintrittszustand der Turbine	24 atü, 380° C
Kühlwassertemperatur	15° C
Gesamtleistung	2600 kW an der Turbinenkupplung.

Bei Nullentnahme an beiden Anzapfstellen (reinem Kondensationsbetrieb) genügt eine Kupplungsleistung von 1500 kW.

a) Die Einzeldiagramme (Abb. 56). Aus den angegebenen Dampfzuständen ergibt sich das Wärmegefälle für den Hochdruckteil (HT) mit

63 kcal, für den Niederdruckteil (NT) mit 53 kcal und für den Kondensationsteil (KT) mit 145 kcal/kg; das adiabatische Gesamtgefälle beträgt 261 kcal/kg.

Hoch- und Niederdruckteil: Zunächst wird bestimmt, welche Leistung aus dem Fabrikationsdampf ($8 + 12 = 20$ t/h) bei Expansion von 25 ata 380° C auf 9 ata im Hochdruckteil erzeugt werden könnte. ($K_H = \frac{160\,000}{63} = 2540$, $\xi = \frac{2540}{20} = 127$, $\eta = 72{,}5\%$, $L = 1060$ kW). Hierauf wird die aus dem Dampfbedarf der Niederdruckverbraucher bei Expansion von 9 ata auf 3 ata im Niederdruckteil erzeugbare Leistung ermittelt ($K_N = \frac{60\,000}{53} = 1130$, $\xi = \frac{1130}{12} = 94{,}4$, $\eta = 75\%$, $L = 555$ kW). Es würden also bei Vollast im Kondensationsbetrieb noch 2600 — 1060 — 555 = 985 kW zu erzeugen sein. Für diese Kondensationskrafterzeugung wird für den ersten Entwurf wieder mit einem spezifischen Verbrauch von $d = \frac{1150}{H} = \frac{1150}{261} = 4{,}41$ kg/kWh gerechnet. Damit ergibt sich eine Kondensationsdampfmenge von $985 \cdot 4{,}41 = 4{,}35$ t/h. Es wird also für den ersten Entwurf der Hochdruckteil für 24,35 t/h und der Niederdruckteil für 16,35 t/h Dampfdurchsatz ausgelegt.

Die diesbezügliche Durchrechnung ergibt für den Hochdruckteil $\xi_H = \frac{2540}{24{,}35} = 104$, $\eta_H = 74{,}3\%$, $L_H = 1320$ kW. Mit $\frac{p_2}{p_0} = 0{,}36$ bestimmt sich die Leerlaufzahl $g_0 = 0{,}334$ und die Leerlaufmenge $G_0 = 8{,}13$ t/h. Mit den erhaltenen Werten ist in Abb. 56 die Verbrauchslinie des HT gezeichnet.

Für den NT ergibt sich $\xi_N = \frac{1130}{16{,}35} = 69{,}2$, $\eta_N = 76{,}9\%$, $L_N = 775$ kW. Entsprechend $\frac{p_2}{p_0} = 0{,}333$ ist $g_0 = 0{,}32$ und $G_0 = 5{,}23$ t/h. Damit ist die Verbrauchslinie des NT in Abb. 56 gegeben.

Kondensationsteil: Unter Zugrundelegung des auf den Kondensationsteil entfallenden Gefälles von 145 kcal/kg ergibt sich für diesen zunächst ein spez. Verbrauch von $\frac{1150}{145} = 7{,}94$ kg/kWh. Mit diesem Wert wird durch den — der Volleistung bei Nullentnahme entsprechenden — Punkt der Abszisse von 1500 kW die Gerade a^* gezeichnet. Setzt man die Verbrauchslinie von HT und NT zur Linie „$HT + NT$" zusammen, so erhält man durch deren Schnittpunkt mit der Linie a^* eine Durchsatzmenge für den KT von 9,1 t/h. Für diese Menge ergibt die Nachrechnung des Kondensationsteiles: $K_K = \frac{29\,550}{145} = 204$, $\xi = \frac{204}{9{,}1} = 22{,}4$, $\eta = 80{,}5\%$, $d = \frac{860}{0{,}805 \cdot 145} = 7{,}37$ kg/kWh. Die diesem spezifischen Verbrauch entsprechende Linie b^* ist in Abb. 56 eingetragen und ergibt die endgültige Durchsatzmenge des KT mit 8,8 t/h und die Leistung desselben mit 1200 kW. Die Leerlaufmenge beträgt zirka 0,9 t/h. Mit diesen Werten ist die entsprechende Verbrauchslinie in Abb. 56 dargestellt.

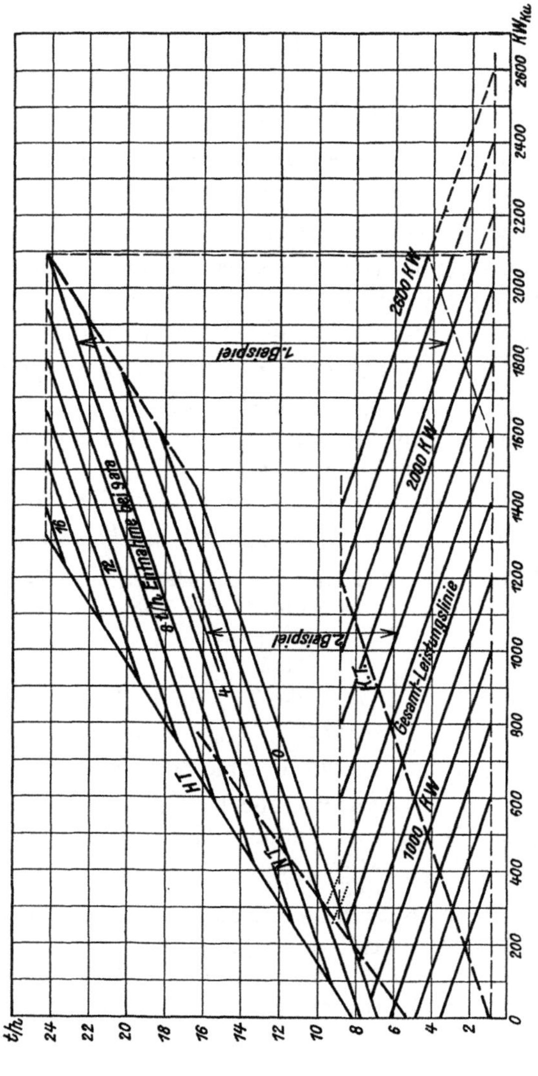

Abb. 57. Verbrauchsdiagramm einer Zweifach-Entnahme-Kondensationsturbine.
1. Beispiel: Leistung 2200 KW, 9 ata-Entnahme 8 t/h, 3 ata-Entnahme 11,5 t/h.
2. Beispiel: Leistung 1800 kW, 9 ata-Entnahme 4,5 t/h, 3 ata-Entnahme 5,5 t/h.

β) Das Gesamtdiagramm (Abb. 57). Zunächst werden die Verbrauchslinie für *HT*, *NT* und *KT* aus Abb. 56 übertragen. *HT* und *NT* werden zum Diagramm einer Einfachentnahme-Gegendruckturbine zusammengesetzt; die Entnahmelinien stellen die Anzapfmengen bei 9 ata dar. Die auf der Abszissenachse aufgetragenen kW sind die Gesamtleistung des $HT + NT$-Diagramms (Gesamtgegendruckleistung).

Zu diesen Leistungen ist nun noch die Leistung des KT zu addieren, also für den vollbelasteten Kondensationsteil mit 8,8 t/h Dampfdurchsatz jeweils 1200 kW, für den Leerlaufdampfdurchsatz jeweils 0 kW. Verbindet man die entsprechenden Punkte, so erhält man eine Schar von parallelen Spiegelbildern zur KT-Geraden (im Diagramm „Gesamtleistungslinien" genannt), auf welchen die aus $HT + NT + KT$ erzeugte Leistung abgelesen werden kann. (Um z. B. die 2000 kW-Gesamtleistungslinie zu erhalten, verbindet man den Punkt 0,9 t/h bei 2000 kW Gesamtgegendruckleistung mit dem Punkt 8,8 t/h bei 800 kW Gesamtgegendruckleistung.)

Zwei Beispiele mögen den Gebrauch des Diagramms noch veranschaulichen. Es sei zunächst bei einer Entnahmemenge von 8 t/h bei 9 ata und 11,5 t/h bei 3 ata eine Leistung von 2200 kW abzugeben und die dazu erforderliche Kondensationsdampfmenge zu bestimmen. Diese ergibt sich aus dem Gesamtdampfdurchsatz nach Abzug der Summe beider Entnahmemengen ($8 + 11{,}5 = 19{,}5$ t/h). Nimmt man also eine dem Wert von 19,5 t/h entsprechende Strecke in den Zirkel und trägt sie zwischen der Entnahmelinie von 8 t/h bei 9 ata und der Leistungslinie von 2200 kW ab, so erhält man, wie aus dem Diagramm zu ersehen, eine Kondensationsdampfmenge von 3,2 t/h.

Als zweites Beispiel soll der Gesamtdampfdurchsatz bei 4,5 t/h Entnahme bei 9 ata, 5,5 t/h bei 3 ata und 1800 kW Leistung gesucht werden. Wird die Gesamtentnahme von 10 t/h zwischen der 4,5 t/h-Entnahmelinie und der 1800 kW-Gesamtleistungslinie abgetragen, so erhält man einen Gesamtdurchsatz von 15,8 t/h.

Die Linie der Nullentnahme im $HT + NT$-Diagramm gibt an, daß bei den auf ihr abgelesenen Dampfmengen keine Entnahme bei 9 ata stattfindet. Wird auch bei 3 ata nichts entnommen, so tritt die ganze den NT verlassende Dampfmenge in den KT ein. Die Leistungen bei Nullentnahme an beiden Anzapfstellen, also bei reinem Kondensationsbetrieb, ergeben sich daher als Schnittpunkte der Nullentnahmelinie für 9 ata mit den Gesamtleistungslinien. Der gestellten Forderung — daß im reinen Kondensationsbetrieb eine Leistung von 1500 kW genügt — entsprechend, fällt der letzte Schnittpunkt auf die 1500 kW-Linie.

Die Leistungen, welche bei den normalen Entnahmemengen (8 t/h bei 9 ata und 12 t/h bei 3 ata) erreichbar sind, werden durch eine Parallele zur 8 t/h Entnahmelinie, die in einem der Gesamtentnahmemenge von 20 t/h entsprechenden Abstand gezogen ist, auf den Gesamtleistungslinien abgeschnitten. Der betreffende Leistungsbereich reicht von 2600 kW bis 1580 kW.

II. Übergang von Kupplungs- auf Klemmenleistung.

Bisher wurde beim Entwurf aller Verbrauchsdiagramme die mechanische Leistung an der Turbinenkupplung zugrundegelegt. Es ist nun sehr oft wünschenswert, gleich die an den Generatorklemmen erzeugbare elektrische Leistung ablesen zu können, bzw. den betreffenden Belastungsfall bei gegebener Generatorleistung im Diagramm aufzusuchen.

Bei der heute fast allgemein üblichen Periodenzahl von 50/Sek. ist es mit Rücksicht auf Preis und Wirkungsgrad sowohl der Turbine als auch des Generators zweckmäßig, bis zu einer Leistung von etwa 2000 kVA, d. h. 14 ÷ 1600 kW Getriebeaggregate zu bauen (Turbinendrehzahl 4800 ÷ 6000 ÷ 9000/Min., Generatordrehzahl 1000 oder 1500/Min.), darüber hinaus aber 3000tourige direkt gekuppelte Aggregate. Der genannte Grenzwert stellt keine bestimmte Norm dar, sondern gibt bloß einen ungefähren Anhaltspunkt.

Ganz anders liegen natürlich die Verhältnisse bei Kraftwerken mit wesentlich niedrigerer Periodenzahl, wie z. B. Bahnkraftwerken mit $16^2/_3$ Per. Für diese Frequenz ist die höchstmögliche Drehzahl des Generators 1000/Min., so daß hier bei allen Leistungen nur Getriebeaggregate in Frage kommen können.

Um also ein auf Klemmenleistung bezogenes Diagramm zu erhalten, müssen die Verluste des Generators und des eventuell erforderlichen Zahnradgetriebes berücksichtigt werden. Ferner ist es bei Kondensationsturbinen (oder Turbinen mit Kondensationsteil) mit elektrisch angetriebenem Kondensationspumpwerk auch oft erwünscht, die Abhängigkeit der nutzbar für den Betrieb zur Verfügung stehenden Leistung (also Klemmenleistung abzüglich Verluste für den Antrieb der Kondensationshilfsmaschinen) von der Dampfmenge zu kennen. Zu diesem Zweck müssen im Verbrauchsdiagramm Leistungen abgelesen werden können, bei welchen der Arbeitsverbrauch der Kondensationsanlage bereits in Abzug gebracht ist.

1. Getriebeverluste.

Als Getriebe kommen fast ausnahmslos einstufige Zahnradübersetzungsgetriebe in Frage. Ihr Vollastwirkungsgrad beträgt — unabhängig vom Übersetzungsverhältnis — bei kleineren Leistungen 96, bei größeren 98%; für den normal in Betracht kommenden Bereich kann im Mittel mit 97% gerechnet werden. Die Abhängigkeit von Leistungsaufnahme und -abgabe verläuft praktisch geradlinig. Der zwischen Voll- und Halblastpunkt extrapolierte Leerlaufverbrauch beträgt etwa 2% der vollen Leistung.

2. Generatorverluste.

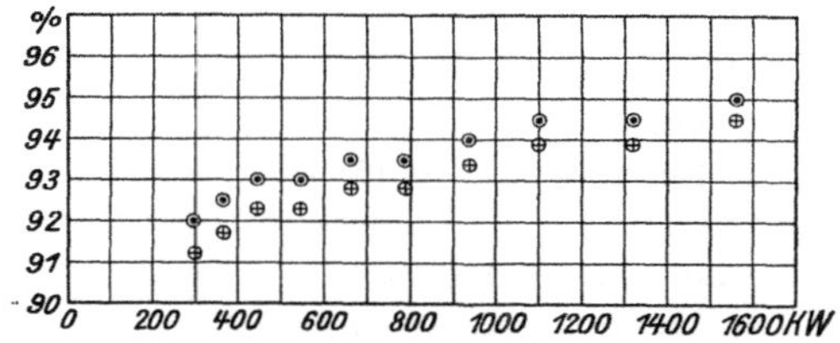

Abb. 58a). Vollastwirkungsgrade normaler Synchrongeneratoren mit $n = 1000$ oder 1500 U/Min. bei $\cos\varphi = 0{,}8$.

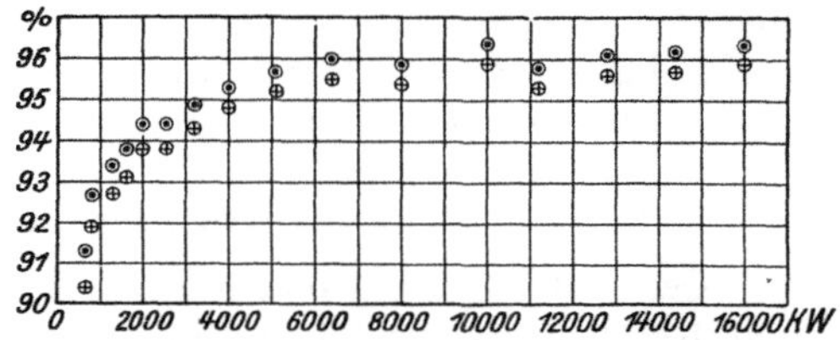

Abb. 58b). Vollastwirkungsgrade von Drehstromturbogeneratoren mit $n = 3000$ U/Min, bei $\cos\varphi = 0{,}8$.

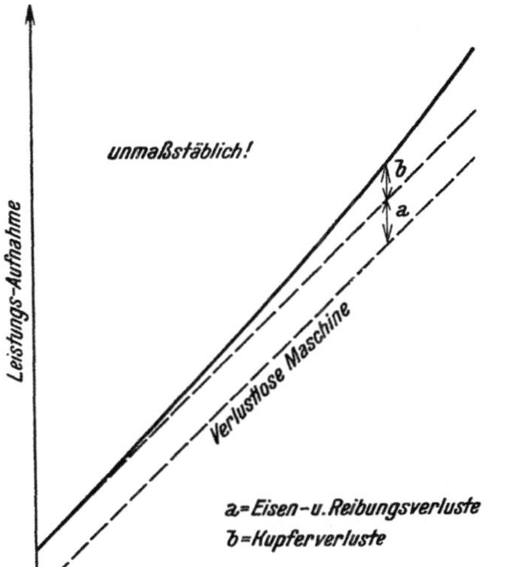

Abb. 59. „Verbrauchsdiagramm" eines Stromerzeugers (schematisch).

Gewisse chemische Betriebe und Gleichstrom-Bahnkraftwerke ausgenommen, kommen heute in der überwiegenden Anzahl der Fälle Drehstromgeneratoren zur Aufstellung. Die Wirkungsgrade der Stromerzeuger liegen in dem für normale Dampfturbinenaggregate in Betracht kommenden Leistungsbereich ziemlich hoch. In Abb. 58 sind die Vollastwirkungsgrade zweier Typenreihen (1000-tourige normale Synchron- und 3000tourige Drehstromturbogeneratoren) einer Großfirma dargestellt, wobei sich die jeweils tieferen Werte nach Abzug des von den Stromerzeuger-Firmen nach den REM beanspruchten Spieles verstehen. Mit diesen Werten soll im folgenden gerechnet werden.

Die Generatorverluste setzen sich zusammen aus den über den ganzen Belastungsbereich gleichbleibenden Reibungs- und Eisenverlusten und den mit der Stromstärke quadratisch ansteigenden Kupferverlusten. Die Abhängigkeit der aufgenommenen von der abgegebenen Leistung stellt daher eine nach oben leicht gekrümmte Kurve dar, wie dies in Abb. 59 schematisch angedeutet ist. Die Leerlaufverluste selbst sind bei 3000tourigen Generatoren etwas höher, bei 1500- und 1000tourigen Generatoren etwas niedriger als die halben Vollastverluste. Es sollen daher hier im Mittel die Leerlaufverluste den halben Vollastverlusten gleich gesetzt werden, also mit $l_{0G} = \frac{1 - \eta_{\text{Vollast}}}{2}$ gerechnet werden.

Ersetzt man noch die schwach gekrümmte Verbrauchskurve des Generators durch eine zwischen Vollast- und Leerlaufpunkt gezogene Gerade, so erzielt man den großen Vorteil, daß bei Umzeichnung der Turbinendiagramme auch alle auf Klemmleistung bezogenen Verbrauchslinien Gerade werden, wodurch die Möglichkeit raschen Diagrammentwurfes gewahrt bleibt. (Bei vollkommen genauer Berechnung von Dampfverbrauchszahlen müssen natürlich für jede Turbinenleistung auch die genauen zugehörigen Generator- bzw. auch Getriebewirkungsgrade eingesetzt werden. Für den vorliegenden Zweck ist jedoch die vorgenommene Vereinfachung ohne weiteres zulässig.)

3. Arbeitsverbrauch der Kondensation.

Der Antrieb der Kondensationspumpengruppe (Kühlwasser-, Luft- und Kondensatpumpe) kann entweder durch Elektromotor oder Hilfsdampfturbine erfolgen. Soll dieser Arbeitsbedarf im Verbrauchsdiagramm zum Ausdruck kommen, so ist bei elektrischem Antrieb die Klemmenleistung des Generators um den Leistungsverbrauch des Motors (bzw. der Motoren bei unterteilter Pumpengruppe) zu verringern, bei Antrieb durch Hilfsturbine der Dampfverbrauch der Hauptturbine um den Verbrauch der Hilfsturbine (bzw. auch des Dampfstrahlsaugers) zu erhöhen.

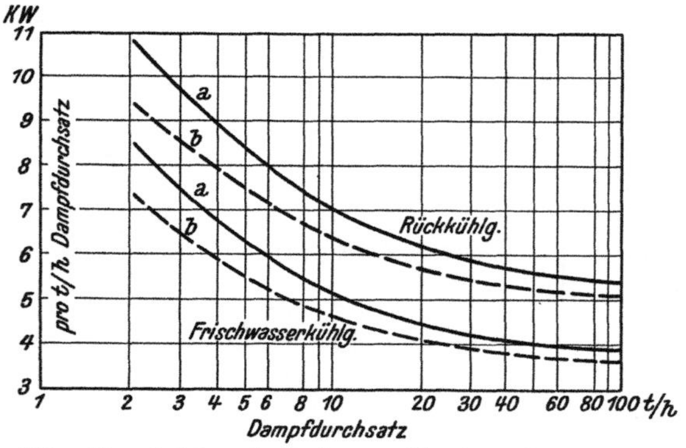

Abb. 60. Leistungsbedarf von Kondensationsanlagen. (Mittelwerte für 60- bis 70fache Kühlwassermenge).
a... elektrische Leistung an den Motorklemmen.
b... mechanische Leistung an den Pumpenwellen.

Bei Teilbelastung ändert sich der Kraftverbrauch für die Pumpengruppe nur wenig. Die Kühlwassermenge wird dem Vollastverbrauch entsprechend eingestellt und nicht mehr nachgeregelt. Da die Kühlwasserpumpe den Hauptteil am ganzen Kraftbedarf besitzt, kommt die Abnahme des Kraftbedarfes der Kondensatpumpe bzw. in geringerem Maße auch der Luftpumpe bei Teilbelastung praktisch kaum zur Geltung. Man kann daher die Verlustleistung für die Kondensation als über den ganzen Leistungsbereich konstant ansehen.

Für diesen Kraftbedarf — der bei kleinen Aggregatleistungen perzentuell höher ist als bei großen — wurden in Abb. 60 Mittelwerte aus Angaben verschiedener Firmen in kW pro Tonne Vollastdampfdurchsatz dargestellt, und zwar sowohl für Frischwasser- als auch für Rückkühlbetrieb (größere Förderhöhe der Kühlwasserpumpe). Die vollen Kurven „*a*“ beziehen sich auf die vom Antriebsmotor aufgenommene Leistung, während die mit „*b*“ bezeichneten Kurven die mechanisch abgegebene Leistung darstellen, die bei Hilfsturbinenantrieb von Interesse ist.

4. Beispiele.

Im allgemeinsten Fall zeichnet man nun — am besten unter oder in dem über Kupplungsleistung entworfenen Diagramm — eine Bezugslinie zwischen Klemmen- und Kupplungsleistung, die, je nach Erfordernis, die Generator- und Getriebeverluste, bzw. auch die für den Antrieb der Kondensationshilfsmaschinen aufzuwendende Leistung berücksichtigt (Abb. 61 bis 63). Die maximale Kupplungsleistung ergibt sich aus der geforderten maximalen Klemmen-

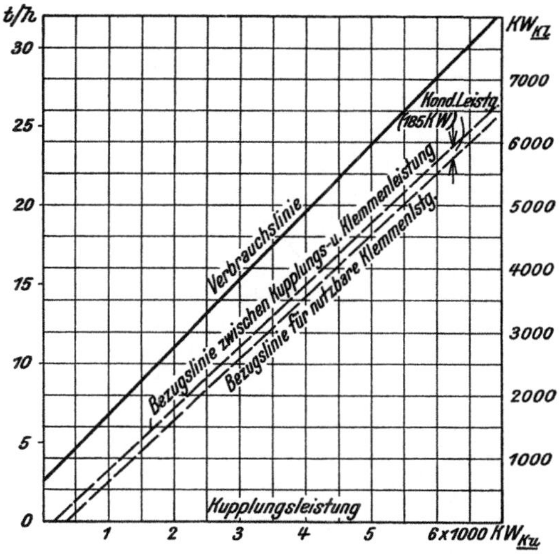

Abb. 61 a). Verbrauchsdiagramm einer Kondensationsturbine bezogen auf Kupplungsleistung und Hilfslinien für Übergang auf nutzbare Klemmenleistung.

leistung durch Division durch den Wirkungsgrad des Generators (η_G) und des Getriebes (η_z) sowie nach Addition des Leistungsbedarfes der Kondensationsanlage. Einen zweiten Punkt der Bezugslinie, ihren „Leerlaufpunkt“ erhält man durch Abtragen der Summe der Leerlaufverluste von Generator (l_{0G}), Getriebe (l_{0z}) und der (konstanten) Leistungsverluste der Kondensation auf den entsprechenden Leistungs-Koordinaten.

1. Beispiel: Es ist das auf nutzbare Klemmenleistung bezogene Verbrauchsdiagramm eines Kondensationsturbinenaggregates zu entwerfen, und zwar für eine nutzbare Klemmenleistung von 8000 kVA, bzw. 6400 kW bei cosphi = 0,8, einen Eintrittsdruck von 20 atü, 350° C und eine Kühlwassertemperatur von 25° C (Abb. 61).

Da bei der gegebenen Leistung direkte Kupplung in Frage kommt, sind beim Diagrammentwurf nur die Generator- und Kondensationsbeitsverluste zu berücksichtigen.

Zunächst wird die Kupplungsleistung ohne Berücksichtigung der Kondensationsleistungsverluste bestimmt. Der Generatorvollastwirkungsgrad beträgt für 6400 kW (nach Abb. 58b) 95,5%. Mit diesem Wert errechnet sich eine Kupplungsleistung von $\frac{6400}{0,955} = 6700\ \mathrm{kW}_{Ku}$.

Da man zur Bestimmung des Arbeitsbedarfes der Kondensation nach Abb. 60 den Dampfdurchsatz der Turbine benötigt, muß zuerst dieser bestimmt werden. Es ergibt sich mit einem Druck am Turbinenaustritt von 0,08 ata und dem gegebenen Eintrittszustand ein Wärmegefälle von 231 kcal/kg. Ferner erhält man $K = \frac{209\,200}{231} = 906$ und $G \,.\, \eta = 0,86 \frac{L}{H} = 0,86 \,.\, \frac{6700}{231} = 24,9$. Mit diesen Werten bestimmt sich aus Abb. 38 der Vollastwirkungsgrad der Turbine mit zirka 80% und der Vollastdampfdurchsatz mit 31,1 t/h. (Der spez. Verbrauch beträgt dann $\frac{31\,100}{6700} = 4,64$ kg/Kupplungs-kW.)

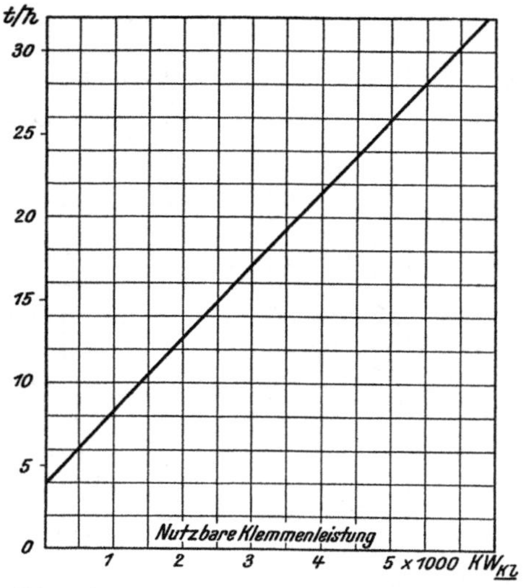

Abb. 61b). Verbrauchsdiagramm des Kondensationsaggregates bezogen auf nutzbare Klemmenleistung (einschl. Kondensationsarbeit).

Jetzt kann der elektrische Arbeitsverbrauch der Kondensation auf der für Rückkühlung gültigen Kurve der Abb. 60 mit zirka 5,8 kW/t abgelesen, bzw. der (konstant bleibende) Gesamtleistungsverbrauch mit 180 Klemmen-kW, also mit $\frac{180}{6400} = 2,8\%$ der Klemmenvollastleistung bestimmt werden.

Obwohl bei Einbeziehung der Kondensationsverluste sich eine entsprechend höhere Durchsatzmenge für den Vollastpunkt (als eben gerechnet) und daher wieder ein etwas höherer Wirkungsgrad ergibt, ist diese Änderung doch so gering, daß eine nochmalige diesbezügliche Durchrechnung unterbleiben kann. (Die perzentuelle Verringerung der Kondensationsarbeitsverluste spielt dabei keine Rolle.)

Man kann nun mit genügender Genauigkeit einfach so vorgehen, daß man die endgültige Vollastkupplungsleistung zu $\frac{6700}{1 - 0,028} = 6900$ kW und die endgültige Vollastdampfmenge zu $6900 \,.\, 4,64 = 32$ t/h bestimmt, wodurch — bei gleichbleibendem Vollastwirkungsgrad

— 2,8% Kondensationsleistungsverluste des neuen Vollastpunktes, d. s. 185 Klemmen-kW, berücksichtigt erscheinen. Es ergibt sich dann eine Generatorleistung von 6900 . 0,955 = 6590 kW bezw. eine nutzbare Klemmenleistung von 6405 kW.

Nun kann (Abb. 61 a) die auf Kupplungsleistung bezogene Verbrauchslinie mit 8% Leerlauf und die Bezugslinie zwischen nutzbarer Klemmen- und Kupplungsleistung mit $l_{0G} = 0{,}0225$ oder 145 kW (abzutragen auf der Koordinate der Kupplungsleistung) und dem (konstanten) Kondensationsleistungsbedarf von 185 kW (abzutragen in der Richtung der Klemmenleistung-Koordinate) gezeichnet werden. Durch Vereinigung beider Diagramme erhält man die auf nutzbare Klemmenleistung bezogene Verbrauchslinie (Abb. 61 b).

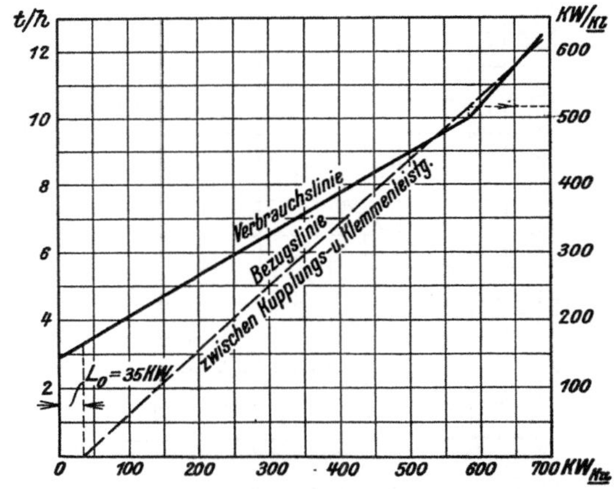

Abb. 62 a). Verbrauchsdiagramm einer Gegendruckturbine bezogen auf Kupplungsleistung und Hilfslinien für Übergang auf Klemmenleistung.

2. Beispiel: Es ist das auf Klemmenleistung bezogene Diagramm einer Gegendruckturbine für folgende Verhältnisse zu entwerfen: Dampfdurchsatz normal 10 t/h (Vollast), maximal 12,5 t/h (Überlast), Eintrittszustand 32 atü, 400° C, Gegendruck 9 ata.

Da hier die Dampfmengen gegeben sind, muß zuerst das auf Kupplungsleistung bezogene Diagramm ermittelt und daraus erst die Verbrauchslinie für die Klemmenleistung bestimmt werden.

Man erhält das Wärmegefälle zu 80 kcal/kg, $\xi = \frac{240\,000}{10 \,.\, 80} = 300$, $\eta = 63\%$; Vollastleistung: $\frac{G \,.\, H \,.\, \eta}{0{,}86} = \frac{10 \,.\, 80 \,.\, 0{,}63}{0{,}86} = 585$ kW; Leerlauf: $\frac{p_2}{p_0} = \frac{9}{33} = 0{,}273$, $g_0 = 0{,}29$, $G_0 = 2{,}9$ t/h. Die Überlastgerade durch $l_0 = 0{,}29$ (= 170 kW) ergibt bei 12,5 t/h Durchsatz die Maximalleistung mit 690 kW_{Ku} (Abb. 62a).

Da Generatoren nicht (oder nur geringfügig) dauernd überlastbar sind, so muß die normale Dauerleistung des Generators entsprechend der Maximalleistung der Turbine gewählt werden. Das gleiche gilt vom Zahnradübersetzungsgetriebe, das mit Rücksicht auf die niedrige Leistung im vorliegenden Fall vorzusehen ist. Der Generatorwirkungsgrad beträgt bei der in Betracht kommenden Leistung nach Abb. 58a etwa 92,8%.

Somit ergibt sich die Klemmenleistung des Überlastpunktes mit $690 \cdot \eta_z \cdot \eta_G = 690 \cdot 0{,}97 \cdot 0{,}928 = 620\ kW_{Kl}$.

Nun ist die Bezugslinie zu entwerfen. Klemmen- und Kupplungsleistung bei Maximallast liegen bereits fest, auf der Abszisse ist die Summe des Leerlaufverbrauches von Generator (3,6%) und Getriebe (2%) — zusammen rund 35 kW — aufzutragen. Mit Hilfe dieser Bezugslinie erhält man die Klemmenleistung des Vollastpunktes zu 518 kW sowie den auf Klemmenleistung bezogenen Leerlaufverbrauch mit 3,3 t/h.

Mit diesen Werten kann jetzt das gesuchte Verbrauchsdiagramm über der Klemmenleistung gezeichnet werden (Abb. 62b).

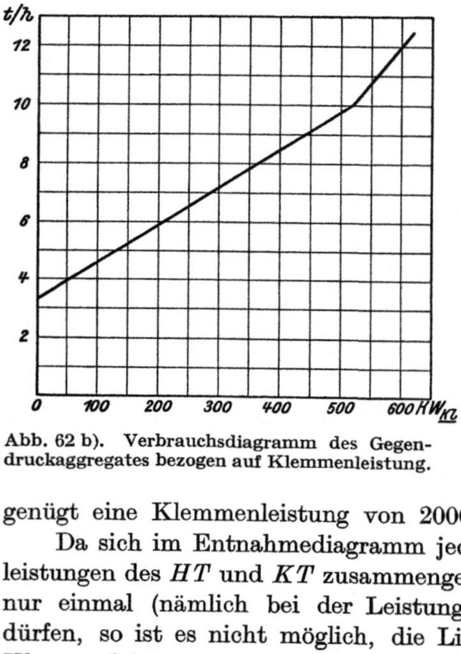

Abb. 62 b). Verbrauchsdiagramm des Gegendruckaggregates bezogen auf Klemmenleistung.

3. Beispiel: Für eine Einfachentnahmeturbine mit gesteuerter Anzapfung ist das auf Klemmenleistung bezogene Verbrauchsdiagramm ohne Berücksichtigung der Kondensationsarbeit zu entwerfen, und zwar für folgende Verhältnisse: Klemmenleistung 3000 kW, Dampfeintrittszustand 19 atü 375° C, Entnahmedruck 3 ata, Entnahmemenge 0 — 12 t/h, Kühlwassertemperatur 20° C. Die volle Turbinenleistung muß bei einer Entnahmemenge von maximal 12 t/h abgegeben werden; für den reinen Kondensationsbetrieb genügt eine Klemmenleistung von 2000 kW.

Da sich im Entnahmediagramm jede Leistung aus den beiden Teilleistungen des *HT* und *KT* zusammengesetzt, die Generatorverluste aber nur einmal (nämlich bei der Leistungssumme) berücksichtigt werden dürfen, so ist es nicht möglich, die Linien des *HT* und *KT* über der Klemmenleistung zu entwerfen; denn in diesem Fall würde in jedem Gesamtleistungswert die Summe der bei den betreffenden Teillastwerten auftretenden Generatorverluste enthalten sein.

Es muß daher das ganze Entnahmediagramm zuerst auf Kupplungsleistung bezogen werden. Außer der vollen Leistung ist im vorliegenden Fall auch noch die kleinere Leistung bei reinem Kondensationsbetrieb in Kupplungs-kW auszudrücken. Man zeichnet sich zu diesem Zweck wieder eine Bezugslinie „Kupplungsleistung—Klemmenleistung", die hier nur die Generatorverluste beinhaltet, da ein Getriebe nicht in Frage kommt. Der Generatorvollastwirkungsgrad beträgt 94,1%, die Leerlaufverluste rund 3%; damit erhält man die Kupplungsleistung bei Vollast zu 3190 kW, die Leerlaufleistung zu 90 kW_{Ku}. Die so bestimmte Bezugslinie ist in Abb. 63 a eingetragen und ergibt für reinen Kondensationsbetrieb (2000 Klemmen-kW) eine Kupplungsleistung von 2160 kW. Nun kann das Kupplungsleistungsdiagramm entworfen werden (Abb. 63a).

Hochdruckteil: Die mit der Entnahmemenge von 12 t/h erzielbare Gegendruckleistung bestimmt sich mit dem auf den HT entfallenden Wärmegefälle von 106 kcal/kg wie folgt:

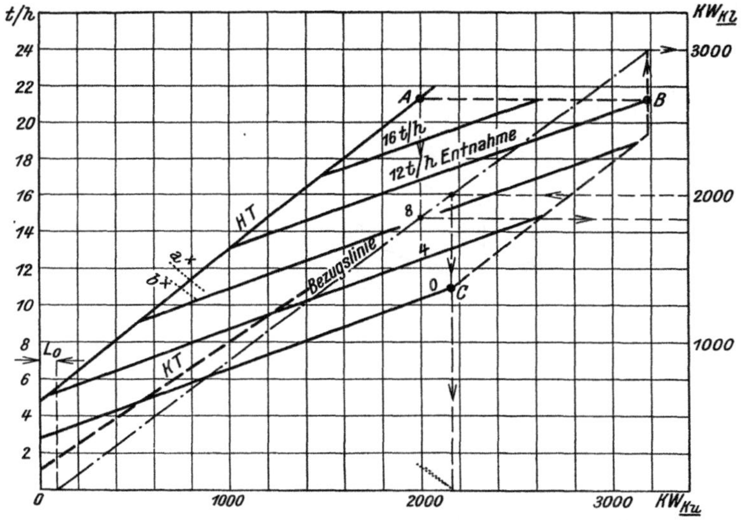

Abb. 63 a). Verbrauchsdiagramm einer Entnahme-Kondensationsturbine bezogen auf Kupplungsleistung und Hilfslinien für Übergang auf Klemmenleistung.

$$K = \frac{170000}{106} = 1600, \quad \xi = \frac{1600}{12} = 133, \quad \eta = 72{,}2\%,$$

$$L = \frac{12 \,.\, 106 \,.\, 0{,}722}{0{,}86} = 1070 \; kW_{Ku}.$$

Es wären also bei Vollast noch 2120 kW_{Ku} mit Kondensationskraft zu erzeugen. Mit dem Gesamtgefälle von 244 kcal/kg (entsprechend einem Austrittsdruck von 0,06 ata) erhält man einen erstgeschätzten spezifischen Verbrauch von $\frac{1150}{244} = 4{,}72$ kg/kWh. Für 2120 kW sind daher 10 t/h Kondensationsdampf erforderlich. Der HT wird also für den ersten Entwurf für eine Durchsatzmenge von $12 + 10 = 22$ t/h entworfen. Man erhält: $\xi = \frac{1600}{22} = 72{,}8$, $\eta = 0{,}765$, $L = \frac{22 \,.\, 106 \,.\, 0{,}765}{0{,}86} = 2080$ kW.

Leerlauf: $\frac{p_2}{p_0} = \frac{3}{20} = 0{,}15$, $g_0 = 0{,}216$, $G_0 = 4{,}75$ t/h.

Kondensationsteil: Bei einem Wärmegefälle von 138 kcal/kg erhält man einen erstgeschätzten spez. Verbrauch von $\frac{1150}{138} =$ $= 8{,}34$ kg/kWh. Die mit diesem Wert gezeichnete Linie a^* (von 2160 kW beginnend) ergibt im Schnittpunkt mit der HT-Linie eine Dampfmenge von 11,4 t/h, für welche der KT nachgerechnet wird: $\xi = \frac{29\,400}{11{,}4 \,.\, 138} = 18{,}7$, $\eta = 81\%$, $d = \frac{860}{0{,}81 \,.\, 138} = 7{,}7$ kg/kWh. Mit Linie b^* erhält man eine Dampfmenge von 10,9 t/h bei einer Leistung von 1420 kW für den KT. Leerlauf 10%, d. i. 1,1 t/h, womit die KT-Linie gegeben ist.

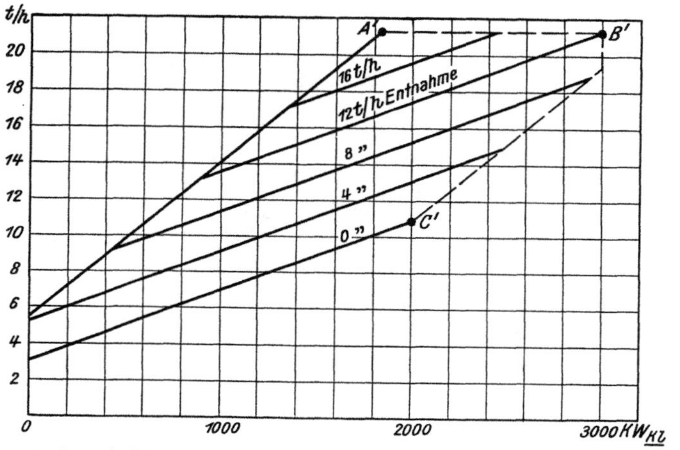

Abb. 63 b). Verbrauchsdiagramm des Entnahme-Kondensationsaggregates bezogen auf Klemmenleistung.

Die Entnahmelinien werden in bekannter Weise gezeichnet und mit der 12 t/h-Linie die endgültige Schluckfähigkeit des HT zu 21,3 t/h bestimmt.

Beim Übergang auf Klemmenleistung wird nun so vorgegangen, daß man die Klemmenleistungen der Punkte A, B und C mit Hilfe der „Bezugslinie" bestimmt (wobei Punkt B' und C' mit den geforderten Werten für Vollast und Leistung im reinen Kondensationsbetrieb übereinstimmen müssen). Die neuen Leerlaufpunkte für die HT- und die Entnahmelinien erhält man als Schnittpunkte dieser Linien mit der Ordinate der Leerlaufleistung L_0. Das sich so ergebende, auf Klemmenleistung bezogene Entnahmediagramm ist in Abb. 63 b dargestellt.

Ist bei einer Entnahmeturbine auch der Kondensationskraftbedarf zu berücksichtigen, so ist nach erstmaliger Ermittlung des Durchsatzes des Kondensationsteiles mit diesem der Kraftbedarf aus Abb. 60 zu entnehmen und der Bemessung zugrunde zu legen.

4. Beispiel: Bei der Zweifachentnahmeturbine, in deren Diagramm die Leistungen nicht mehr auf der Abszisse, sondern auf besonderen „Leistungslinien" abzulesen sind, müßten diese auf Klemmenleistung umgezeichnet werden, wodurch sich aber die Proportionalität ändern würde. Es ist daher hier vorteilhafter, das Diagramm über der Kupplungsleistung beizubehalten und mit Hilfe der Bezugslinie (zwischen Kupplungs- und Klemmenleistung) zu jedem Wert der Klemmenleistung die zugehörige Kupplungsleistung aufzusuchen und mit dieser in das Verbrauchsdiagramm einzugehen.

Manzsche Buchdruckerei, Wien IX

Die thermodynamische Berechnung der Dampfturbinen. Von Professor Dr.-Ing. **Georg Forner,** Berlin. Mit 57 Abbildungen im Text und 25 Zahlentafeln. V, 127 Seiten. 1931. RM 7.50; gebunden RM 8.50

Berechnung und Konstruktion der Dampfturbinen. Für das Studium und die Praxis. Von Professor Dipl.-Ing. **C. Zietemann,** Chemnitz. Mit 468 Textabbildungen. XI, 452 Seiten. 1930. Gebunden RM 33.—*

Dampf- und Gasturbinen. Mit einem Anhang über die Aussichten der Wärmekraftmaschinen. Von Prof. Dr. phil. Dr.-Ing. **A. Stodola,** Zürich. Sechste Auflage. Unveränderter Abdruck der fünften Auflage mit einem Nachtrag nebst Entropie-Tafel für hohe Drücke und B[1]T-Tafel zur Ermittelung des Rauminhaltes. Mit 1138 Textabbildungen und 13 Tafeln. XIII, 1109 und 32 Seiten. 1924. Gebunden RM 50.—*

Nachtrag. Fünfte Auflage. Sonderausgabe nebst Entropietafel für hohe Drücke und B[1]T-Tafel zur Ermittelung des Rauminhaltes. Mit 37 Abbildungen und 2 Tafeln. 32 Seiten. RM 3.—

Bau und Berechnung der Dampfturbinen. Eine kurze Einführung von Dipl.-Ing. **Franz Seufert,** Oberingenieur für Wärmewirtschaft. Dritte, verbesserte Auflage. Mit 77 Abbildungen im Text und auf 2 Tafeln. IV, 100 Seiten. 1929. RM 3.60*

Der Einfluß der Dampftemperatur auf den Wirkungsgrad von Dampfturbinen. Von Dr.-Ing. **Arthur Zinzen.** Mit 34 Textabbildungen. IV, 67 Seiten. 1928. RM 6.—*

Dampfturbinen-Schaufeln. Profilformen, Werkstoffe, Herstellung und Erfahrungen. Von Zivil-Ing. **H. Krüger.** Mit 147 Textabbildungen. VI, 132 Seiten. 1930. RM 15.—; gebunden RM 16.50*

Die Schaltungsarten der Haus- und Hilfsturbinen. Ein Beitrag zur Wärmewirtschaft der Kraftwerksbetriebe. Von Dr.-Ing. **Herbert Melan.** Mit 33 Textabbildungen. VI, 120 Seiten. 1926. RM 10.50; gebunden RM 12.—*

Die Abwärmeverwertung im Kraftmaschinenbetrieb mit besonderer Berücksichtigung der Zwischen- und Abdampfverwertung zu Heizzwecken. Eine wärmetechnische und wärmewirtschaftliche Studie von Dr.-Ing. **Ludwig Schneider.** Vierte, durchgesehene und erweiterte Auflage. Mit 180 Textabbildungen. VIII, 272 Seiten. 1923. Gebunden RM 10.—*

* *Abzüglich 10 % Notnachlaß.*

GPSR Compliance

The European Union's (EU) General Product Safety Regulation (GPSR) is a set of rules that requires consumer products to be safe and our obligations to ensure this.

If you have any concerns about our products, you can contact us on ProductSafety@springernature.com

In case Publisher is established outside the EU, the EU authorized representative is:

Springer Nature Customer Service Center GmbH
Europaplatz 3
69115 Heidelberg, Germany

Batch number: 10816188

Printed by Printforce, the Netherlands